高等院校艺术设计专业"十二五"规划教材

数码单反摄影教程

主 编 刘 军 黄德高 孔 舜

副主编 吕金龙 蒲 军 王春霞

参 编 程 璧 彭 鹏 郑 利 鲁 甜
　　　施 佳 唐映梅 冯 平

Shuma Danfan Sheying Jiaocheng

华中科技大学出版社
http://www.hustp.com
中国·武汉

内 容 简 介

对于摄影爱好者来说，这是一本理论与实践相结合的好书，做到了以数码摄影实践为切入点，将摄影理论与实践结合起来讨论，强调了实践过程中的整体观念以及对各种被摄对象的表现方法，如人物摄影、生态摄影、风光摄影、建筑摄影及创意摄影等。以协助摄影爱好者把摄影理论与实践结合起来思考、训练，从而有效地运用表现技法，合理地选用表达手段，引导、激发摄影爱好者自己的设计思维，进而更好地完成摄影工作。

本书可供艺术设计专业及其他相关专业的学生使用，也可作为相关从业人员的参考书。

图书在版编目（CIP）数据

数码单反摄影教程 / 刘军，黄德高，孔舜主编. — 武汉：华中科技大学出版社，2014.6
ISBN 978-7-5680-0097-0

Ⅰ.①数…　Ⅱ.①刘…　②黄…　③孔…　Ⅲ.①数字照相机－单镜头反光照相机－摄影技术－教材
Ⅳ.①TB86　②J41

中国版本图书馆 CIP 数据核字(2014)第 118704 号

数码单反摄影教程		刘　军　黄德高　孔　舜　主编

策划编辑：袁　冲
责任编辑：胡凤娇
封面设计：龙文装帧
责任校对：何　欢
责任监印：张正林
出版发行：华中科技大学出版社（中国·武汉）
　　　　　武昌喻家山　　邮编：430074　　电话：(027) 81321915
录　　排：龙文装帧
印　　刷：武汉市金港彩印有限公司
开　　本：880 mm×1 230 mm　1/16
印　　张：10
字　　数：312 千字
版　　次：2014 年 10 月第 1 版第 1 次印刷
定　　价：55.00 元

刘军，女，1981年出生，湖北武汉人，装饰美工技师（国家职业资格二级），现为华中师范大学武汉传媒学院讲师，湖北工业大学硕士研究生，主要从事广告学、视觉传达设计专业的教学与研究。

■ 主要成果

[1] 2006年，编著《动画场景设计》，北京希望出版社出版。

[2] 2011年，编著普通高等院校"十二五"艺术与设计系列规划教材《商业插画》，清华大学出版社、北京交通大学出版社联合出版。

[3] 2011年，编著普通高等院校"十二五"艺术与设计系列规划教材《招贴设计》，清华大学出版社、北京交通大学出版社联合出版。

[4] 2011年，编著普通高等院校"十二五"艺术与设计系列规划教材《动画场景设计》，清华大学出版社、北京交通大学出版社联合出版。

[5] 2012年，编著普通高等院校"十二五"艺术与设计系列规划教材《商业插画》（第1版第2次印刷），清华大学出版社、北京交通大学出版社联合出版。

[6] 2013年，编著普通高等院校"十二五"艺术与设计系列规划教材《手绘插画设计表现》，清华大学出版社、北京交通大学出版社联合出版。

[7] 2006—2011年期间，曾在国内统一刊号CN类期刊杂志上发表多篇学术论文。并多次荣获省级优秀论文。其中，一篇学术论文荣获国家级优秀论文二等奖；一篇学术论文荣获第四届全国教育科研优秀成果奖一等奖，多次荣获省级优秀论文奖。

[8] 2002—2013年期间，曾有24幅设计作品参与国际、国家级和省级的设计比赛取得优异成绩。其中，2幅招贴设计作品分别荣获国家级特等奖、三等奖；一组包装设计作品荣获省级金奖；6幅设计作品分别荣获省级银奖和铜奖，并收入"普通高等教育'十一五'国家级规划教材"和"普通高等教育'十二五'国家级规划教材"中。

[9] 2005—2013年期间，共计有百余件设计作品和摄影作品收入"普通高等教育'十一五'国家级规划教材"和"普通高等教育'十二五'国家级规划教材"中。

[10] 2010年，被中国教育界联合会、中国新教育研究编委会评为"全国优秀教育工作者"称号。

黄德高，男，1955 年出生，湖北武汉人，主要从事数码单反摄影研究。

摄影 30 余年，体会到花鸟鱼虫的摄影乐趣，酷爱植物摄影、动物摄影、风景摄影，几十年来走过几乎所有国内摄影创作团的拍摄地点，实现着"拍摄天下美物美景，享受快乐人生"的愿望。一次次拍摄计划的制订就有一回回的期盼，一次次与大自然近距离的接触就是一回回的享受，一次次整理拍摄成果又有一回回的欣喜，一次次与朋友的分享及网上的交流受到的称赞又是一回回的愉悦。一直坚持走快乐摄影之路，以展示人与自然之美、宣传弘扬民族文化为宗旨！近年来的传统婚礼纪实、花鸟鱼虫、人文景观等百余幅作品在《武汉晚报》、汉网、摄影中国网、光影中国网等权威媒体中发表。

■ 主要成果

[1] 2011 年，参与编写普通高等院校"十二五"艺术与设计系列规划教材《商业插画》，清华大学出版社、北京交通大学出版社联合出版。

[2] 2011 年，参与编写普通高等院校"十二五"艺术与设计系列规划教材《招贴设计》，清华大学出版社、北京交通大学出版社联合出版。

[3] 2011 年，参与编写普通高等院校"十二五"艺术与设计系列规划教材《动画场景设计》，清华大学出版社、北京交通大学出版社联合出版。

[4] 2012 年，参与编写普通高等院校"十二五"艺术与设计系列规划教材《商业插画》（第 1 版第 2 次印刷），清华大学出版社、北京交通大学出版社联合出版。

[5] 2013 年，参与编写普通高等院校"十二五"艺术与设计系列规划教材《手绘插画设计表现》，清华大学出版社、北京交通大学出版社联合出版。

近年来，数码单反摄影在我国蓬勃发展，全国大批大中专院校纷纷开设了摄影专业，以期培养新生的摄影力量，振兴我国的摄影事业，重塑"中国学派"的辉煌。

长期以来，由于诸多历史和经济的原因，美术专业院校摄影教育一直处在一个相对而言理论多、实践少的状况，大批从美术专业院校走向动画创作与制作领域的人才缺乏一定的实践基础和动手操作能力，或者只善于制作艺术风格短片而缺乏对大制作的商业摄影的系统学习与认识，在工作中遇到了不少困难。

在学习数码单反摄影过程中有许多创意可以激发，有许多的艺术风格可以玩味，有许多文化内涵可以领略，有许多经验可以向有经验的大师学习，这门课程的学习将会是轻松的、自由的、有趣的。希望学生在使用这本书的时候，不要生搬硬套理论知识，而应得其要领，自由发挥。摄影不是公式也不是套路，一切规则都将是禁锢。今天的任何一个新创意，明天就可能会变成老主意，而古老的形式通过创造又会成为最新的创意和最前卫的风格，所以我们需要准备好两样工具：一把"剪子"和一把"锄头"。只有学会多采集，多挖掘，才会有所得，才能增强自己的摄影功力。

本书是一本集人物摄影、风光摄影、生态摄影、建筑摄影以及创意摄影于一体的实用教科书，图文并茂、内容丰富。本书可作为高等院校摄影基础、广告摄影、摄影摄像、艺术设计等专业的教材，同时也可作为其他从业人员的学习参考书。

"知识改变命运，教育成就未来！"只有不断学习、探索和开发未知领域，才能有所突破和创新，为人类的进步做出应有的贡献。"知识是有限的，而想象是无限的。"想象力在发散思维的驱动下，在浩瀚的宇宙空间中驰骋翱翔。希望广大读者在本书的学习中充分发挥自己的想象力和创造力，实现自己的梦想。

本书由刘军、黄德高、孔舜担任主编，由吕金龙、蒲军、王春霞担任副主编，由程璧、彭鹏、郑利、鲁甜、施佳、唐映梅、冯平担任参编，在此对他们的辛勤工作表示衷心的感谢。

本书在编写过程中参考了许多文献资料，编者在此向这些文献资料的编著者表示衷心的感谢，也感谢华中科技大学出版社的领导和责任编辑的信任和支持。本书中的人像作品均为教学所用，我们对作品肖像者致以崇高的敬意与衷心的感谢。由于编者水平有限，书中难免存在不足之处，恳请广大读者批评指正，非常感谢！

编　者

2014 年 2 月

目录

SHUMA DANFAN SHEYING JIAOCHENG

第一章

数码单反摄影概述

SHUMA DANFAN SHEYING GAISHU

1.1
数码单反摄影的简史及概念

1.1.1　数码单反摄影的简史

世界摄影历史上，第一张可以摄影成像的图片，是在 1827 年（有说 1826 年）的夏天出现的，即法国摄影术和印刷制版发明者——尼埃普斯（1765—1833）和达盖尔发明的银版摄影。

1880 年，美国的乔治·伊斯托马（1854—1932）发明了划时代的感光胶片，并于同年创立了柯达公司。1884 年，柯达公司发明了很实用的有如现代的胶卷，然后全世界变成它的销售市场。1888 年，柯达公司推出了历史上第一款柯达照相机，它不仅轻巧价廉而且使用方便。

虽然这个阶段冲洗出的是黑白相片，但因胶片可以感应红、橙、黄、绿、蓝、靛蓝、紫等七全色，故称之为全色底片。虽然是黑白照片，但其中有黑、灰、白深浅不同程度的阶调呈现。整幅黑白照片，画面含义、诠释呈现，都可以在黑、灰、白的浓淡里、对比中、层次间进行意境上的充分表达。尤其在严肃的主题表达上，黑白照片较彩色照片要来得突显直接、强烈明确，容易让人观赏后印象难忘、记忆犹新。

柯、曼 1930 年受聘在柯达公司研究室工作。经过三年不懈的努力，他们领导柯达研究部门机师、专家、化学家成功地研发出新颖的两色冲晒程序感光胶片。感光胶片分为两层药膜，一层对红橙色感光，另一层对青蓝色感光，再经较以前更为简单的冲晒过程，加上染色显剂即可冲印出有颜色的照片。精益求精，他们继续研发，进一步将感光胶片制成五层药剂膜，其中三层可以感应红、绿、蓝色，另二层为稳色滤光剂膜。1935 年 4 月 15 日，他们成功研制出柯达彩色胶卷，可以冲洗出类似现今的彩色相片，这正是摄影进入彩色时代的阶段，更是摄影历史上的里程碑。

1935 年，德国爱克发公司研制成功了三补色之显色快速程序法，使彩色摄影冲印彩色照片一次完成，因此摄影者就可更方便地自行冲洗彩色相片。

1947 年，美国拍立得公司推出一架拍立得兰德照相机，它在拍摄后一分钟内能马上出现一张不用送去冲洗的相片。1963 年，美国拍立得公司又研制成功了即拍即成相片的彩色胶卷相机。1977 年，美国拍立得公司又进一步研制成功了即拍可得的电影片。

1981 年，日本索尼公司推出世界上第一部数位照相机，该相机首次以电荷耦合器件（CCD，全名是 charge coupled device）代替传统的胶片（底片）。

1991 年，日本富士（全称为富士胶片株式会社）和尼康（全称为尼康株式会社）两公司合作生产出世界上第一台数位化单眼相机，有 Fuji　Nikon　DS505（E2）和 DS515（E2S）两款机型。此种相机重 1.5 kg，机身大小为 16 cm×14 cm×12 cm，采用 Nikon　F.A 系列镜头，用机身光圈做曝光控制，内含 15 MB 记忆卡，可拍 84 张照片，感光度可达 1600，分辨率为 1 280 像素×1 000 像素，可连接个人电脑进行影像处理、影像放大和传递。

随着社会的发展、人类文明的不断进步，摄影已成为很多人的人生乐趣中不可缺少的一部分。当下，数码单反摄影借由电脑将所拍摄的影像呈现在网络上，谁都可以观赏到诸君的得意佳作。

1.1.2　数码单反摄影的含义

数码单镜反光摄影，简称数码单反，是一种以数码方式记录成像的摄影，属于数码静态摄影与单反摄影的交集。数码摄影，又称数位摄影或数字摄影，是指使用数字成像元件替代传统胶片来记录影像的技术。配备数字成像元件的摄影统称为数码摄影。

数码单反摄影就是使用了单反新技术的数码摄影。作为专业级的数码摄影，用其拍摄出来的照片，无论是在清晰度还是在照片质量上都是一般相机不可比拟的。这些都是单反技术成就了数码单反摄影的高性能。

单反，也就是单镜头反光。采用这种技术的相机只有一个镜头，这个镜头既负责摄影也负责取景。这样一来，就能基本上解决视差造成的照片质量下降的问题。用单反相机取景时来自被摄物体的光线经镜头聚焦，被斜置的反光镜反射到聚焦屏上成像，再经过顶部起脊的"屋脊棱镜"反射，摄影者通过取景目镜就能观察景物，而且是上下左右都与景物相同的影像，因此取景、调焦都十分方便。在摄影时，反光镜会立刻弹起来，镜头光圈自动收缩到预定的数值，快门开启使胶片感光，曝光结束后快门关闭，反光镜和镜头光圈同时复位。这就是相机中的单反技术，现在的数码相机采用这种技术后就成为专业级的数码单反相机。

数码单反，就是使用数码感光元件取代胶片的单反相机。单反成像质量好，因为它的传感器面积是卡片相机的几十倍。单反反应速度快，从开机速度、对焦速度到连拍速度，都是卡片相机难以企及的，摄影是瞬间艺术，相机的反应速度是很重要的。对于数码摄影来说，光学影像的捕获依然运用小孔成像原理，但数码单反将投射其上的光学影像转换为可被记录在存储介质（CF 卡、SD 卡）中的数字信息。数码单反成像可被生成标准的位图图像格式，并借助如 Photoshop 等位图图像修描软件进行各种修改。

1.2
数码单反摄影的分类

数码单反摄影大致可分为以下几类：人像摄影、风光摄影、生态摄影、纪实摄影、艺术摄影、画意摄影、商业摄影、水墨(风格)摄影和全息摄影。

1.2.1　数码单反摄影——人像摄影

人像摄影与一般的人物摄影不同：人像摄影以刻画与表现被摄者的具体相貌和神态为自身的首要创作任务，虽然有些人像摄影作品也包含一定的情节，但它仍以表现被摄者的相貌为主，而且，相当一部分人像摄影作品只交待被摄者的形象，并没有具体的情节；人物摄影是以表现被摄者参与的事件与活动为主，它以表现具体的情节为主要任务，而不在于以鲜明的形象去表现被摄者的相貌和神态（见图 1–1）。这二者之间的重要区别，在于是否具体描绘人物的相貌。不管是单人的还是多人的，不管是在现场抓拍的还是在照相室里摆拍的，不管是否带有情节，只要是以表现被摄者具体的外貌和精神状态为主的照片，都属于人像摄影的范畴。那些主要表现人物的活动与情节，反映的是一定的生活主题，被摄者的相貌并不很突出的摄影作品，不管它是近景也好，全身也好，只能属于人物摄影的范畴。当然，从广义上来说，人像摄影拍的是人，它也属于人物摄影。

图 1-1　人像摄影（摄影者程璧，2010 年，徽州）

人像摄影以刻画和描绘被摄者的外貌与神态为自己的表现任务，成像应人物相貌鲜明。人像摄影的要求是形神兼备，它分为照相室人像、室内特定环境人像和户外人像三大类。

1.2.2　数码单反摄影——风光摄影

风光摄影（见图 1-2、图 1-3），是以展现自然风光之美为主要创作题材的原创作品，如自然景色、船舶、城市建筑等，是多元摄影中的一个门类。从摄影术诞生起，风光摄影就独占鳌头。人类第一张永久性摄影作品就是风光摄影。风光摄影是广受人们喜爱的题材，它给人带来美的享受最为全面，从摄影者发现美开始到拍摄，直到与读者见面欣赏的全过程，都会给人以感官和心灵的愉悦，能够在一定主题思想表现中，以相应的内涵使人在审美中领略到一定的信息成分，由此也将给人带来过目不忘的情趣。

在中外摄影史上，风光摄影占尽了风头，出现了众多风光摄影大师。风光摄影无论运用任何角度，终极目的是摄影者运用镜头语言进行的一次审美活动。在自然界面前，精心布控光线的技术摄影也好，融入自己心境的主题摄影也好，均是用镜头语言描绘内心对自己脚下土地和山河的热爱。

图 1-2　风光摄影（摄影者黄德高，2007 年，北海船舶）

图 1-3　风光摄影（摄影者黄德高，2011 年，江西瑶里）

1.2.3　数码单反摄影——生态摄影

生态摄影，是指野生动物、宠物、植物的摄影。

拍摄动物时，按动物生活场面的不同可分为几种拍摄对象：一是栖息于大自然的野生动物（见图1-4、图1-5）；二是放牧于山野草原的牛羊；三是饲养于庭院的鸡、鸭和家中的猫、狗。不同场地的动物拍摄方法也不完全一样。拍摄植物之前，先要决定哪一点最能引起你的兴趣，是多姿的形状和线条（见图1-6），还是多彩的花叶颜色？

图1-4　动物摄影　　　　　　　　图1-5　动物摄影　　　　　　　　图1-6　植物摄影
（摄影者刘军，2012年，武汉东湖）　　（摄影者黄德高，2011年，随州）　　（摄影者刘军，2012年，《雪树》）

1.2.4　数码单反摄影——纪实摄影

纪实摄影具有深刻的力量，是以记录生活现实为主要诉求的摄影方式，可分为人文摄影和新闻摄影（见图1-7）。纪实摄影都是来源于生活，如实反映生活。换句话说，纪实摄影有记录和保存历史的价值，所以，纪实摄影具有作为社会见证者的独一无二的功能。纪实摄影需要摄影者保持公正的眼光和角度，公平记录所发生和看到的真实现象，保持一种对人性的关注。我们知道，纪实摄影是以人为主要反映对象的，用相机作为素描簿的一种直觉反应，按动快门，作为摄影者，在摄影之前要有高度的文化素养，在这当中要有敏锐的洞察力，有对生活中新的视觉形象的敏感，对选择对象的敏感，对把握最佳时机的敏感（见图1-8、图1-9）。纪实摄影作品无论美好或是丑陋，目的都在于表现一个真实的世界，引起人们的关注，唤起社会良知，同时记录特有的文化，为后世留下宝贵的历史财富。

1.2.5　数码单反摄影——艺术摄影

随着摄影技术的发展，人们在摄影中不断增加艺术元素，开始产生艺术摄影（见图1-10）。艺术摄影与纪实摄影的区别在于艺术性的多少与高低，但是二者之间无绝对的界限。

1.2.6　数码单反摄影——画意摄影

画意摄影（见图1-11）的唯美的画面语言及美好的设计内涵一直是人像摄影的一种重要的表达方式。19世纪后半叶，英国摄影家奥斯卡·格斯塔维·雷兰达拍摄出了曾被预言为"摄影新时代来临了"的作品——《人生的两

图1-7　新闻摄影
(摄影者刘军，2008年，武汉，《上房顶观看奥运圣火传递》)

图1-8　纪实摄影
(摄影者李勤，2010年，江西婺源，《拍牛者》)

图1-9　纪实摄影
(摄影者黄德高，2012年，武汉，《中式迎亲》)

图1-10　艺术摄影
(摄影者刘一儒，2011年，《无题人生》)

图1-11　画意摄影（摄影者黄德高，2012年，木兰草原）

条路》，在摄影还被轻视的当时，这幅作品以其劝勉性的主题和油画式的构图，受到了维多利亚女王的极高评价。可以这样说，奥斯卡·格斯塔维·雷兰达对推进摄影被承认为一门艺术功不可没。从此，画意摄影也逐渐成为摄影艺术中的一个重要流派。

1.2.7　数码单反摄影——商业摄影

商业摄影，顾名思义是指为商业用途而开展的摄影活动。从狭义上讲就是商业摄影，广义上讲就是为发布商品等进行的摄影，这种类型在时下的摄影活动中是极为重要的一种，如图 1-12 所示。

1.2.8　数码单反摄影——水墨（风格）摄影

和传统的水墨画一样，现在市面上出现的水墨（风格）摄影作品（见图 1-13），按题材的不同可以分为风景和花鸟，对应国画中的山水画和花鸟画；按手法和意境的不同可以分为抽象和具象，对应国画中的写意和工笔。

水墨（风格）摄影照片虽然免不了使用 Photoshop 等软件的后期加工，但是这并不意味着可以任意扭曲原照片。好的水墨（风格）摄影作品要尽量少地修改原照片，它更多地考验摄影师的构图和捕捉光影的能力。

图 1-12　商业摄影
（摄影者黄德高，2012 年）

图 1-13　水墨（风格）摄影
（摄影者黄德高，2012 年，武汉石榴红村）

1.2.9　数码单反摄影——全息摄影

全息摄影是指一种记录被摄物体反射波的振幅和位相等全部信息的新型摄影技术。普通摄影记录物体表面上的光强分布，它不能记录物体反射光的位相信息，因而失去了立体感。全息摄影采用激光作为照明光源，并将光源发出的光分为两束：一束直接射向感光片；另一束经被摄物体的反射后再射向感光片。人眼直接去看这种感光的底片，只能看到像指纹一样的干涉条纹，但如果用激光去照射它，人眼透过底片就能看到原来被摄物体完全相同的三维立体像。例如，玉器、玛瑙、花卉和蝴蝶翅膀的纹理，用全息摄影都能使其物体本身达到通透感，如图 1-14、图 1-15 所示。一张全息摄影图片即使只剩下一小部分，但依然可以重现全部景物。

图 1-14　全息摄影
（摄影者刘一儒，2011 年，《她·姿态》）

图 1-15　全息摄影
（摄影者黄德高，2011 年，《美翅蝶》）

1.3
数码单反摄影的发展

1.3.1　数码单反摄影的初始阶段

随着时代的进步，人们希望有一种能够将正在转播中的电视节目记录下来的设备。

1951 年，宾·克罗司比实验室发明了录像机，这种机器可以将电视转播中的电流脉冲记录到磁带上。1956 年，录像机开始大量生产，这标志着电子成像技术的产生。

1969 年，美国贝尔实验室的科学家鲍尔和史密斯宣布发明了 CCD（电荷耦合元件）。这项发明对现代数码相机的诞生和发展具有决定性的意义。

1975 年，美国柯达应用电子研究中心的工程师制造出世界上第一台用磁带记录影像的数码相机。拍摄时使用 16 节电池，曝光时间 50 ms，记录一幅影像要 23 s，每盒磁带可存储 30 张照片，重量达数千克。

1973 年 11 月，日本索尼公司正式开始"电子眼"CCD 的研究工作，并于 1981 年推出了全球第一台不用感光胶片的电子相机——静态视频"马维卡"相机。该相机使用了 10 mm × 12 mm 的 CCD 薄片，分辨率为 570 像素 × 490 像素，首次将光信号转变成电子信号传输。

1981 年 8 月，日本索尼公司在一款电视摄像机中首次采用了 CCD，将其用作直接将光信号转化为数字信号的传感器。

1984—1986 年，松下（全称为日本松下电器产业株式会社）、富士、佳能（全称为佳能株式会社）、尼康等公司也纷纷开始了电子相机的研制工作，相继推出了自己的原型电子相机。

1986 年，日本索尼公司发布了在数码相机发展史上具有里程碑意义的第二款数码相机索尼 MYC-A7AF，第一次让数码相机具备了纯物理操作方法，能够在 2 in（1 in=2.54 cm）盘片上记录静止图像，分辨率也达到 38 万像素。

1987 年，卡西欧公司首先在市场上发售了首台 CMOS 感光器件卡西欧 VS-101 电子相机，尽管分辨率仅为 28 万像素，但这对数码相机产业的发展具有非常重大的意义。

1988 年，为了获得传统相机的拍摄效果，CCD 像素的提升是最根本的解决途径。佳能公司推出了首台 60 万像素的佳能 RC-760。这台电子相机使用了 2/3 in 60 万像素的 CCD，外观在今天来看略显呆板，但它是当时最高像素的数码相机。

1990 年，柯达公司推出了 DCS100 电子相机，首次确立数码单反相机的业内标准。对于专业摄影师，新机器如果能继承他们熟悉的传统机身和操控模式，就能赢得大家的欢迎。为迎合这一心理，柯达公司的 DCS100 采用了在专业人士中有极高地位的尼康 F3 机身，除了对焦屏和卷片马达做了较大改动，所有功能均与尼康 F3 一样，并且兼容大部分尼康镜头，可谓考虑周详。这台数码单反相机使用 140 万像素的 20.5 mm×16.4 mm CCD，由于没有内置存储器，只能连接一个笨重的外置存储单元使用。笨重的外置存储单元以电池作为驱动能源，内置 200 MB 存储器，可以存放 150 张未经压缩的 RAW 文件格式的照片。

1992 年，柯达公司推出的 DCS100 后续机型 DCS200，终于摆脱了笨重的外置存储单元，存储器被安置在机身内部，使用和拍摄变得非常方便。

作为早期数码相机的代表厂商，柯达公司大力支持相机数码化发展。柯达公司董事会于 1995 年做出了全面发展数码科技的决策性决定，并且于 1996 年与尼康公司联合推出 DCS-460 和 DCS-620X 型专业数码相机，与佳能公司合作推出 DCS-420 专业数码相机，这几款当时最高端的数码相机使柯达公司成为当时数码相机领域中的领军人物。

此后数码相机的发展突飞猛进，1995 年数码相机的像素为 41 万，1996 年数码相机的像素就达到了 81 万。

1999 年 6 月，在期盼多年之后，尼康公司终于推出首部自行研发的专业数码单反相机——尼康 DL 相机，并凭借远低于柯达公司 DCS 系列相机的售价，开创了数码单反相机民用化的新时代。这款数码单反相机是在尼康 F5 传统机身上经过改装完成的，因而依然保持着极具魅力的顶级相机的专业气质。DL 相机内置 274 万像素 CCD，感光度范围为 200～1 600，采用 CPEG、TIFF、RAW 三种文件格式。

2000 年 5 月，佳能公司推出全新单反数码相机佳能 EOS D30，首次使用 CMOS 代替 CCD，在画质、成像方面获得了全面进步，在市场上取得巨大成功。

2001 年，日本京瓷公司（全称为日本京瓷株式会社）发布世界上第一款全幅数码单反相机——康泰时 N DIGITAL 相机。可惜市场前景不乐观，后惨淡收场。

2001 年 9 月，为了在如火如荼的竞争中超越尼康 DL 相机所制造的神话，佳能公司正式推出了专门适用于体育运动等高速摄影的佳能 EOS1D 相机，从而在连拍速度、对焦精度等技术指标上全面超越了尼康 DL 相机，成为专业数码相机领域的一代传奇。佳能 EOS1D 相机拥有 400 万像素分辨率，ISO 感光度范围为 100～1 600，也是采用 CF 卡/IBM 微硬盘作为存储介质。这款机型，使众多观望中的专业摄影师认识到了数码单反相机的无穷魅力，纷纷开始抛弃传统胶片相机，转而使用数码相机。同时，佳能 EOS1D 相机的推出为众多国际专业体育比赛提供了优质的器材保障，这为今后佳能公司确立专业数码单反相机的领军地位奠定了强大技术基础。

2003 年 12 月，奥林巴斯公司（全称为奥林巴斯株式会社）联合柯达、富士两家公司共同研发、发布了采用"4/3 系统"的 E-1 相机，并且统一规定了感光元件的面积大小尺寸、感光元件与镜头之间的距离，以及镜头卡口的直径。今后凡是采用这一标准的数码相机都能做到相互兼容，首次打破了相机领域长期以来互不兼容的局面。E-1 相机作为奥林巴斯推出的第一款带超声波除尘技术的专业级单反数码相机，采用了 500 万像素 CCD，感光度范围为 100～800，使用 CF 卡作为存储介质，支持 JPEG、RAW、TIFF 文件格式。E-1 相机的机身具备防水、防尘功能，能在极其苛刻的条件下正常工作，受到了很多户外摄影师的推崇。

1.3.2 数码单反摄影的发展阶段

数码摄影技术的发展，在某些层面上需要我们颠覆传统的摄影理念，摄影师需要在拍摄时更多考虑后期制作的可能性。拍摄与后期制作的完美交融，无疑为摄影师提供了更广阔的创作空间。一张好照片是拍摄与后期制作的完美结合。

数码单反摄影接触面更宽广，更让摄影者得心应手。数码单反摄影艺术、摄影技术因能融入新时代的计算机世界里，在艺术领域中脱颖而出，使摄影成为世人易学的普及化艺术。人们由于喜爱摄影，会越来越有艺术气质。

数码单反摄影在计算机技术下会给人们带来许多便利，如传统相机加上微电脑装置可变成轻便的全自动照相机（俗称傻瓜相机）。经微电脑装置，相机可以自动对焦、自动补光、自动曝光、自动闪光及增加许多摄影自动补助的功能，如退片、去除红眼、长短距离伸缩镜头、遥控、全景摄影、附印日期、问候、祝贺词等。

事实证明，照相机借助计算机设备，曝光精确度要比手动条件下提高很多，经计算机处理过的相片，细腻明朗，可修正，色彩可调，许多原先的暗房操作已被计算机操作取代甚至超越。

1.3.3 数码单反摄影的发展趋势

随着人们拍摄的观念变化，数码影像市场凸显个性化、高档化，消费者已经不满足于单调枯燥的相片保存形式，人们希望有一种高科技的影像记录方式，能够使平日看到的照片焕发出迷人的光彩。

数码单反摄影艺术是一个开放的概念，它必然随着现代科学技术的进步和社会的发展而改变，它的生命在于创新。可以说，数码单反摄影艺术的发展过程便是不断创新的过程。任何墨守成规的摄影，只能使摄影艺术终止，并失去存在的价值和意义。在当今，现代数码单反摄影的新技术、新手段不断推陈出新，特别是将计算机特技运用于摄影创作，摄影家更可以发挥想象力，运用超乎一般人的艺术创意理念，创作出新奇、夸张、变幻莫测的作品，带给欣赏者无限的想象空间和视觉上的美感刺激。应该说，计算机特技给摄影创作、摄影艺术注入了新的活力，它带给了摄影家进行艺术创意的无限空间。利用计算机技术，摄影家可以轻松地把自己的摄影艺术创意应用于作品的处理之中，从而做出更具艺术化、更具表现力和更能体现个人艺术风格的摄影作品。

第二章

数码单反摄影——拍摄的要素、构图及手法

SHUMA DANFAN SHEYING —— PAISHE DE YAOSU GOUTU JI SHOUFA

2.1
数码单反摄影——画面构成的要素

形象在数码单反摄影中是表达一定含义的形态构成的视觉元素。形象是有面积、形状、色彩、大小和肌理的视觉可见物。在数码单反摄影的构成要素中，点、线、面、体是造型元素中最基本的形象。由于点、线、面、体的多种不同的形态结合和作用，就产生了多种不同的摄影手法和形象。

数码单反摄影的构成要素：点、线、面、体和点线面的结合。

2.1.1 数码单反摄影——点

数码单反摄影中点的构成细小、简单。点的大小、数量、空间及排列的形式方向使构成作品产生不同的效果，如图 2-1 至图 2-3 所示。

图 2-1 阵列的点 （摄影者黄德高，2012 年，武汉销品茂）　图 2-2 点的摄影 （摄影者黄德高，2011 年，随州）　图 2-3 阵列的点 （摄影者刘军，2012 年，《雪点》）

（1）不同大小、疏密的混合排列，使之成为一种散点式的构成形式。

（2）将大小不一致的点按一定的方向进行有规律的排列，给人的视觉留下一种由点的移动而产生线化的感觉（见图 2-4）。

（3）以由大到小的点按一定轨迹、方向进行变化，使之产生一种优美的韵律感（见图 2-5）。

（4）把点以大小不同的形式，既密集又分散的进行有目的的排列，产生点的面化感觉（见图 2-6）。

（5）将大小一致的点以相对的方向，逐渐重合，产生微妙的动态视觉（见图 2-7）。

（6）不规则点的视觉效果（见图 2-8、图 2-9）。

图 2-4　点的线化
（摄影者刘军，2008 年，安徽木坑，《老南瓜》）

图 2-5　点的韵律感
（摄影者黄德高，2012 年，武汉东湖，《荷塘》）

图 2-6　点的面化
（摄影者刘军，2008 年，海南，《水晶球》）

图 2-7　点的重合
（摄影者李勤，2010 年，上海世博会，《空中乐队》）

图 2-8　不规则点（一）
（摄影者黄德高，2011 年，《樱桃红》）

图 2-9　不规则点（二）
（摄影者黄德高，2013 年，《梅花苞》）

2.1.2 数码单反摄影——线

线的形态有直线和曲线两种，数码单反摄影中的线构成，关键在于把握线的形态性格表现（见图2-10）。

数码单反摄影中，线的形态性格表现可以分为以下几点。

（1）数码单反摄影中的垂直线：赋予生命力、力度感、伸展感。

（2）数码单反摄影中的水平线：稳定感、平静、规整、呆板（见图2-11至图2-13）。

（3）数码单反摄影中的斜线：动感、方向感（见图2-14、图2-15）。

（4）数码单反摄影中的折线：方向变化丰富，易形成空间感（见图2-16、图2-17）。

（5）数码单反摄影中的几何曲线：有弹力、紧张度强，体现规则美（见图2-18至图2-20）。

（6）数码单反摄影中的自由曲线：自由、潇洒、随意、优美（见图2-21至图2-23）。

（7）数码单反摄影中的细线：精致、挺拔、锐利（见图2-24、图2-25）。

（8）数码单反摄影中的粗线：壮实、敦厚（见图2-26）。

数码单反摄影中线的表达要点：以长短、粗细、疏密、方向、肌理、形状等组合的不同来创造线的形象，表现不同线的个性，反映不同的心理效应（见图2-27）。

数码单反摄影中线的种类有以下几种。

（1）数码单反摄影中面化的线（等距的密集排列）。

（2）数码单反摄影中疏密变化的线（按不同距离排列），会产生透视空间的视觉效果（见图2-28）。

（3）数码单反摄影中错觉化的线（将原来较为规范的线条排列进行一些切换变化）。

（4）数码单反摄影中立体化的线（见图2-29、图2-30）。

（5）数码单反摄影中不规则的线（见图2-31、图2-32）。

图2-10 线的表现
（摄影者黄德高，2013年，武汉，《屋顶扫雪人》）

图2-11 水平线运用（一）
（摄影者刘军，2013年，武汉，《美丽沙湖》）

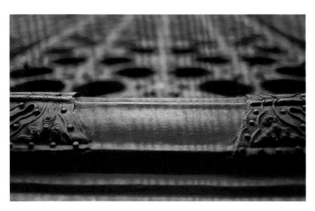

图 2-12　水平线运用（二）
（摄影者刘一儒，2012 年，《中国红》）

图 2-13　水平线运用（三）
（摄影者刘军，2011 年，《天空破晓》）

图 2-14　斜线运用（一）
（摄影者刘军，2013 年，武汉，《牵引力》）

图 2-15　斜线运用（二）
（摄影者刘军，2013 年，武汉，《江城夜中拉索桥》）

图 2-16　折线运用（一）
（摄影者刘安生，2011 年，武汉，《上空构架》）

图 2-17　折线运用（二）
（摄影者孔舜，2012 年，汉口，《油胡子》）

图 2-18　几何曲线运用（一）
（摄影者黄德高，2011 年，
武汉，《汉街灯桥》）

图 2-19　几何曲线运用（二）
（摄影者黄德高，2011 年，
武汉东湖，《叶茎》）

图 2-20　几何曲线运用（三）
（摄影者刘军，2010 年，
深圳，《拱曲形长廊》）

图 2-21　自由曲线运用（一）
（摄影者孔舜，2008 年，汉口民众乐园，《弧形序列》）

图 2-22　自由曲线运用（二）
（摄影者刘军，2010 年，深圳，《荷塘影像》）

图 2-23　自由曲线运用（三）
（摄影者刘军，2012 年，武汉，《雪枝》）

图 2-24　细线运用（一）
（摄影者黄德高，2011 年，武汉东湖，《乘凉棚中的根须》）

图 2-25　细线运用（二）
（摄影者刘军，2012 年，
武汉，《天窗上的线状物》）

图 2-26　粗线运用
（摄影者孔舜，2007 年，
西安，《绿色序列》）

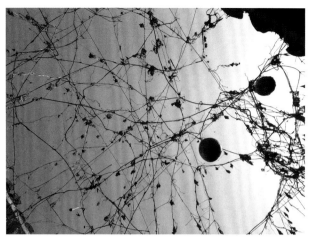

图 2-27　线的表达
（摄影者刘军，2010 年，
安徽西递，《葫芦藤》）

图 2-28　疏密变化的线运用
（摄影者刘军，2011 年，武汉，《汉街桥》）

图 2-29　立体化的线运用（一）
（摄影者刘军，2010 年，
深圳，《铁架梯》）

图 2-30　立体化的线运用（二）
（摄影者黄德高，2012 年，
武汉，《荷池水草》）

图 2-31　不规则的线运用（一）
（摄影者李勤，2013 年，韩国，《三八线》）

图 2-32　不规则的线运用（二）
（摄影者刘军，2010 年，武汉大学，《相交枝》）

SHUMA DANFAN SHEYING JIAOCHENG

2.1.3 数码单反摄影——面

数码单反摄影中面的表现（见图2-33）通过形与形的组合进行创造。

数码单反摄影中面的构成可以分为如下几点。

（1）数码单反摄影中几何形的面，具有明快、单纯、规整、秩序等特点，可表现出规则、平稳、较为理性的视觉效果。

（2）数码单反摄影中自然形的面，具有生机、膨胀、优美、弹性等特点。不同外形的物体以面的形式出现后，给人以更为生动、厚实的视觉效果，如图2-34所示。

（3）数码单反摄影中有机形的面，可以表达出柔和、自然、抽象的特点，如图2-35所示。

（4）数码单反摄影中偶然形的面，自由、活泼而富有哲理性，具有一定的情态、情趣，如图2-36所示。

（5）数码单反摄影中人造形的面，具有较为理性的人文特点，如图2-37所示。

图2-33 面的表现
（摄影者刘军，2010年，江西婺源，《遍地油菜花》）

图2-34 自然形的面
（摄影者黄德高，2013年，云南，《七彩云》）

图2-35 有机形的面
（摄影者黄德高，2012年，《兰花蕾》）

图2-36 偶然形的面（摄影者李勤，2011年，内蒙古，《沙漠骆驼队》）

图2-37 人造形的面
（摄影者刘军，2010年，深圳，《炫彩阳伞》）

2.1.4　数码单反摄影——体

　　数码单反摄影中，体在平面上是一种幻觉形象，是一种特殊的空间形式。实际上，任何形态都是一个体（见图2-38）。数码单反摄影中的体有三个基本形：球体、立方体和锥体，如图2-39至图2-42所示。根据构成的形态不同，体又可分为半立体、点立体（见图2-43）、线立体（见图2-44）、面立体和块立体等几个主要类型。

图 2-38　体的表现
（摄影者黄德高，2009 年，
青岛威海，乳山银滩，《力量象征》）

图 2-39　球体（一）
（摄影者刘安生，2012 年，
武汉东湖，《绣球花》）

图 2-40　球体（二）
（摄影者刘军，2008 年，海南，《圆河豚》）

图 2-41　立方体
（摄影者刘军，2010 年，深圳，《方体树》）

图 2-42　锥体
（摄影者黄德高，2011 年，
《发光的陀螺》）

图 2-43　点立体
（摄影者刘军，2008 年，
安徽西递，《红灯笼》）

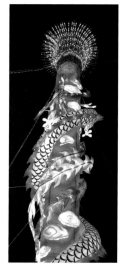

图 2-44　线立体
（摄影者黄德高，2011 年，
武汉，《龙柱灯》）

2.1.5　数码单反摄影——点线面的结合

数码单反摄影中，点、线、面是最基本的形态，正是这种最基本的形态的相互结合与作用形成了多种表现形式。点、线、面的表现力极强，既可以表现抽象（见图2-45），也可以表现具象，是数码单反摄影中构成的要素，点与线的结合如图2-46所示。

图 2-45　点线面表现出的抽象
（摄影者孔舜，2012 年，汉口江汉路，《铁鱼骨》）

图 2-46　点与线的结合（一）
（摄影者刘军，2012 年，武汉东湖，《梧桐枝》）

点、线、面和体，它们之间的关系是相对的，当超过一定的限度，就会改变原有的形态，如图2-47、图2-48所示。例如，点材朝一个方向的延续排列便形成线材，线材平行排列可形成面材，面材超过一定厚度又形成块材，块材向一定方向延续又变成线材。

图 2-47　点与线的结合（二）
（摄影者刘军 ，2008 年，安徽南屏，《芝麻》）

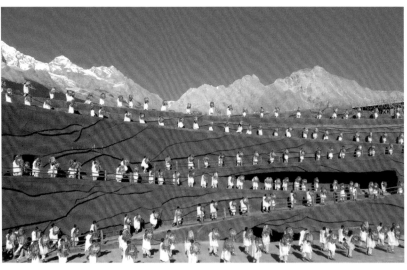

图 2-48　点线面的结合
（摄影者李勤，2011 年，云南，《印象丽江》）

2.2

数码单反摄影——构图法则

摄影创作离不开构图，就像写文章离不开章法一样重要，不是可有可无的，而是摄影作品成败的关键。摄影构图与美术构图有相同之处，有些是可以相互借鉴的，但也不能完全代替，每一种艺术形式都有它独特的规律和原理，这是不能违背的。摄影构图是从美术构图转化而来的，我们也可以称为取景。研究构图就是研究在一个平面上处理好三维空间——高、宽、深之间的关系，以突出主题，增强艺术的感染力。构图处理是否得当、是否新颖、是否简洁，对于摄影艺术作品的成败关系很大。

从实际而言，一幅成功的摄影艺术作品，首先是构图的成功。成功的构图能使作品内容主次分明、主题突出，反之，就会影响作品的效果。

数码单反摄影构图的特殊性分为两步：第一步是选择角度拍摄，第二步是照片的剪裁。数码单反摄影构图的这种特殊性是由相机的局限性造成的。相机的构图方式可分为两种：一是长方形构图（见图2-49、图2-50），二是正方形构图（见图2-51）。对于取景而言，长方形构图的优越性大一点，较好处理，而正方形构图拍摄的照片

图 2-49　长方形构图（一）
（摄影者黄德高，2012 年，《交织郁金香》）

图 2-50　长方形构图（二）
（摄影者黄德高，2010 年，赤壁龙佑温泉）

图 2-51　正方形构图
（摄影者黄德高，2013 年，云南，《鱼鹰》）

中不分横竖，想拍横构图或竖构图的画面必需剪裁。就是长方形构图的相机，由于在拍摄时受到环境条件的制约，难免会在构图时把不必要的物体摄入镜头，影响画面的美观。要去掉这些不必要的物体，同样得剪裁照片。理解了摄影构图的特殊性，就可以变被动为主动，在按快门之前先把构图确定好，做到心中有数，这样就可以把注意力集中在所要表现的主题上。

2.2.1 水平线构图

数码单反摄影中，水平线可以给人一种平静、稳定和有重量的感觉。通常情况下，摄影师必须根据取景框的边缘仔细调准出水平线。一条倾斜的水平线通常会立即被观众察觉，并且会使图像失去稳定感。

水平线构图，具有平静、安宁、舒适、稳定等特点。使用水平线构图的画面，一般主导线形是水平方向的，主要用于表现宏阔、宽敞的大场面。如拍摄平静如镜的湖面、一望无际的平川、广阔平坦的原野、辽阔无垠的草原、大海、日出、草原放牧、层峦叠嶂的远山、大型会议合影等，如图 2-52 至图 2-54 所示，经常会用到水平线构图。

在进行水平线构图时，不到万不得已，最好不要让水平线从画面正中间穿过，也就是说不要上下各 1/2，最好将水平线放在画面上 1/3 处或下 1/3 处，也可以尝试着在水平线的某一点上安排一个物体，使其断开，打破贯通画面的水平线构图，如图 2-55 所示。

图 2-52　水平线构图（一）
（摄影者刘军，2010 年，深圳，《睡佛》）

图 2-53　水平线构图（二）
（摄影者黄德高，2012 年，武汉东湖，《雅亭静景》）

图 2-54　水平线构图（三）
（摄影者黄德高，2011 年，武汉琴台，《龙灯水影》）

图 2-55　水平线构图（四）
（摄影者黄德高，2012 年，蔡甸索河，《秋色水景》）

2.2.2　垂直线构图

　　自然界中的很多物体都有竖线形的结构，无论是人物，还是花卉、树木、建筑等，如图 2-56 至图 2-58 所示。垂直的线条象征着坚强、庄严、伟大的感觉，是另一种常用的构图方式。垂直线能强化纵深感，注意尽量不要正中垂直，不要倾斜。垂直线构图，能充分显示景物的高大和深度，常用于表现万木争荣的森林、参天大树、险峻的山石、飞泻的瀑布、摩天大楼，以及竖直线形组成的其他画面。垂直线可以表示力量和能量，这些属性还依赖于将垂直线仔细与取景框的边缘对准，当倾斜相机以捕捉视线上方或下方的信息时画面会失去这种力量。

　　如果画面中只有单一的垂直线时也存在和水平线一样的问题，那就是尽量不要让竖线位于画面正中，而应该位于 1/3 处。当面对多条竖线时，例如树林、高楼丛林等，可以采用对称排列透视、多排透视等表现方式，都能让画面产生意想不到的效果。

图 2-56　垂直线构图（一）　　　　　　　图 2-57　垂直线构图（二）
（摄影者黄德高，2012 年，《蜡梅》）　　　（摄影者刘军，2008 年，《枝杆缠绕》）

图 2-58　垂直线构图（三）　（摄影者刘安生，2009 年，北京圆明园，《冬季林》）

2.2.3 对角线构图

对角线构图其实是斜线构图的一个特例，比较常用。一幅摄影作品，直线构图比较平淡，一旦主体发生倾斜，不稳定的动感就体现出来了，如图2-59至图2-62所示，而当主体倾斜在对角线的位置时效果尤为明显。另外，对角线构图还可以利用画面最长直线距离。

使用对角线构图，通常是直接把被摄对象放在对角线上或者是利用近大远小的远离，让被摄对象变成斜线而安放在对角线上，这种透视可以引导人们的视线前进到画面尽头，增加了画面的纵深感。被摄对象可以是一个具体物体的形状，也可以是明暗不同的调子，或是光线等。对角线构图既可以用平视角度，也可以用仰视角度，当被摄对象不是倾斜的线条时，可以将相机倾斜，使画面构图成为对角线构图，让被摄对象产生动感和一定的高度。

图2-59 对角线构图（一）　　　图2-60 对角线构图（二）　　　图2-61 对角线构图（三）
（摄影者刘安生，2011年，南京）　（摄影者黄德高，2012年，《蜓玉立》）　（摄影者刘军，2010年，深圳）

图2-62 对角线构图（四）
（摄影者刘军，2010年，深圳）

2.2.4 S形曲线构图

S形曲线构图是画面上的景物呈S形曲线的构图形式，具有延长、变化的特点，使画面看上去有韵律感，产生优美、雅致、协调的感觉，如图2-63所示。当需要采用曲线形式表现被摄对象时，应首先想到使用S形曲线构图。在风光摄影中，可选择弯曲的河流、庭院中的曲径、弯曲的林中小道等，如图2-64至图2-66所示，在大场面摄影中，可选择排队购物、游行表演等场景；在夜间拍摄时可选择蜿蜒的路灯、车灯行驶的轨迹等。

　　S形曲线构图具有曲线的优点，优美而富有活力和韵味。同时，观者的视线随着S形曲线向纵深移动，可有力地表现其场景的空间感和深度感。S形曲线构图分为竖式S形曲线构图和横式S形曲线构图两种，竖式S形曲线构图（见图2-67）可表现场景的深远，横式S形曲线构图（见图2-68）可表现场景的宽广。S形曲线构图着重在线条与色调紧密结合的整体形象，而不是景物间的内在联系或彼此间的呼应。

图2-63　S形曲线构图（一）
（摄影者黄德高，2010年，武汉，《水中树影》）

图2-64　S形曲线构图（二）
（摄影者李勤，2011年，山东烟台）

图2-65　S形曲线构图（三）
（摄影者刘安生，2011年，武汉东湖）

图2-66　S形曲线构图（四）
（摄影者刘军，2010年，深圳，《林中小道》）

图2-67　竖式S形曲线构图
（摄影者刘军，2010年，深圳，《喂鱼》）

图2-68　横式S形曲线构图
（摄影者刘军，2010年，深圳）

2.2.5　圆弧形构图

　　圆弧形构图是把被摄对象安排在画面的中央，圆心为视觉中心。圆弧形构图看起来就像一个团结的"团"字，用示意图表示，就是在画面的正中央形成一个圆弧形，如图2-69所示。圆弧形构图（见图2-70至图2-77）给人以团结一致的感觉，没有松散感，饱和有张力，但这种构图模式，活力不足，缺乏冲击力，缺少生气。

图 2-69　圆弧形构图（一）
（摄影者刘军 ，2010 年，武汉东湖，《醉香隆喷泉》）

图 2-70　圆弧形构图（二）
（摄影者李勤，2011 年，青岛，《海岸》）

图 2-71　圆弧形构图（三）
（摄影者李勤，2011 年，青岛）

图 2-72　圆弧形构图（四）
（摄影者刘军，2010 年，深圳，《空静》）

图 2-73　圆弧形构图（五）
（摄影者孔舜，2013 年，
武汉动物园，《观鱼》）

图 2-74　圆弧形构图（六）
（摄影者孔舜，2013 年，
汉口咸安坊，《静寂》）

图 2-75　圆弧形构图（七）
（摄影者孔舜，2013 年，
汉口中山公园，《茹冰》）

图 2-76 圆弧形构图（八）
（摄影者刘军，2010 年，深圳）

图 2-77 圆弧形构图（九）
（摄影者刘军，2010 年，深圳，《喷泉》）

2.2.6 汇聚线构图

汇聚线构图可以通过被摄对象的大小对比产生距离感，用线条来表现被摄对象的立体感，其特点就是画面中出现汇聚的直线。利用汇聚线构图可以展现被摄对象的纵深感，例如拍摄流动的溪水时可以使观者在视觉上产生延伸感，拍摄日常生活中的马路也会给观者带来不一样的视觉感受。汇聚线构图如图 2-78 至图 2-82 所示。

2.2.7 三角形构图

三角形构图以三个视觉中心为景物的主要位置，有时是以三点成一面的几何形成安排被摄对象的位置，形成一个稳定的三角形，如图 2-83、图 2-84 所示。三角形可以是正三角形、斜三角形或倒三角形，斜三角形较为常用，也较为灵活。三角形构图具有安定、均衡、灵活等特点，如图 2-85、图 2-86 所示。

图 2-78 汇聚线构图（一）
（摄影者刘军 ，2010 年，武汉，《绿林道》）

图 2-79 汇聚线构图（二）
（摄影者黄德高，2012 年，武汉，《野芷湖大桥》）

图 2-80　汇聚线构图（三）
（摄影者刘军，2012 年，武汉，《红墙雪地》）

图 2-81　汇聚线构图（四）
（摄影者孔舜，2013 年，
汉口咸安坊，《立志改革》）

图 2-82　汇聚线构图（五）
（摄影者黄德高，2010 年，湖
北红安，《七里坪长胜街》）

图 2-83　三角形构图（一）
（摄影者刘军，2012 年，武汉东湖，《喂鸽子》）

图 2-84　三角形构图（二）
（摄影者刘军，2008 年，江西，《收蚕茧》）

图 2-85　三角形构图（三）
（摄影者黄德高，2012 年，武汉石榴红村）

图 2-86　三角形构图（四）
（摄影者刘军，2012 年，武汉，《太极老太》）

2.2.8　对称式构图

对称式构图具有平衡、稳定、相对的特点，其缺点是呆板、缺少变化，常用于表现对称的物体、建筑、特殊风格的物体，如图 2-87 至图 2-90 所示。对称式构图，象征一种高度整齐的程度，比如蝴蝶，它的形体和翅翼花纹的对称美，一直为人们所欣赏。但大多数摄影作品，在构图中都不是追求对称，而是追求画面的视觉均衡。

在摄影构图中，绝对的对称式构图会给人一种静止的、拘谨的和单调的感觉，生活中人们的审美要求仍然以追求均衡为多。过多地运用对称式构图会使人感到呆板，缺乏活力。而均衡是为了打破较呆板的局面，它既有均衡的一面，又有灵活的一面。均衡的范围包括构图中形象的对比，如人与人、人与物、大与小、动与静、明与暗、高与低、虚与实等的对比，如图 2-91 至图 2-94 所示。结构的均衡是指画面中各部分的被摄对象要有呼应、有对照，达到平衡和稳定。画面结构的均衡，除了大小、轻重以外，还包括明暗、线条、空间等均衡的作用。

图 2-87　对称式构图（一）
（摄影者黄德高，2011 年，江西瑶里）

图 2-88　对称式构图（二）
（摄影者黄德高，2008 年，湖北红安，《门锁》）

图 2-89　对称式构图（三）
（摄影者孔舜，2011 年，武昌湖北中医药大学）

图 2-90　对称式构图（四）
（摄影者刘军，2012 年，深圳）

图 2-91　对称式构图（五）
（摄影者黄绍冬，2011 年，台湾高雄，《龙虎双塔》）

图 2-92　对称式构图（六）
（摄影者刘军，2010 年，深圳）

图 2-93　对称式构图（七）
（摄影者黄德高，2012 年，武汉，《夜中晴川桥》）

图 2-94　对称式构图（八）
（摄影者刘军，2010 年，深圳）

2.2.9　封闭式构图

用框架去截取生活中的形象，并运用空间角度、光线、镜头等手段重新组合框架内部的新秩序时，这种构图方式称为封闭式构图。封闭式构图比较适合于要求和谐、严谨等美感的抒情性风光、静物的拍摄题材，对于一些表达严肃、庄重、平静、稳健等的生活场面，用内向的、严谨的、均衡的封闭式构图也是有利的，如图 2-95 至图 2-100 所示。封闭式构图是影视构图的主要构图形式，画面构图的完整、均衡是构图的基本要求。封闭式构图的特点如下。

第一，封闭式构图习惯于把被摄对象放在几何中心或趣味中心，形成一种完整感，全景都是如此，即使是拍特写近景也讲究画面结构的完整性，不会出现半个脸、半个身子等。

第二，封闭式构图十分讲究构图均衡。例如，拍摄人物，人处在画面的一侧，另一侧就有一定的视觉形象形成均衡格局。封闭式构图也可以把人物处理在画面四周的任何一角，但拍摄者的视线是向心的，必须在视线前方留有适当空间。

第三，封闭式构图一般讲究画面完整性。比如，拍摄人和物的特写，虽然是表现人和物的局部，但也要注意画面结构的完整性。同样，处理动态构图也要注意画面的完整性。

图 2-95　封闭式构图（一）
（摄影者刘一儒，2012 年，《绿芽》）

图 2-96　封闭式构图（二）
（摄影者刘一儒，2012 年，《红宝石》）

图 2-97　封闭式构图（三）
（摄影者黄德高，2011 年，武汉东湖植物园）

图 2-98　封闭式构图（四）
（摄影者黄德高，2011 年，武汉东湖植物园）

图 2-99　封闭式构图（五）
（摄影者黄德高，2012 年，武汉东湖，《水上飞机》）

图 2-100　封闭式构图（六）
（摄影者孔舜，2012 年，汉口江汉路，《清洁车》）

2.2.10　开放式构图

开放式构图在安排画面上的形象元素时，着重于画面外部的冲击力，强调画面内外的联系，如图 2-101 所示。开放式构图的表现形式如下：一是画面上人物的视线和行为常常在画面之外，暗示与画面外的某些事物有着呼应和联系；二是不讲究画面的均衡与严谨，不要求画面内的形象元素完成内容的表达，甚至有意排斥一些或许更能完整说明画面的其他元素，让观者获得更大的想象空间，如图 2-102 所示；三是有意在画面周围留下被切割的不完整形象，特别在近景、特写中进行大胆的不同于常规的切角处理，被切掉的那一部分自然也就留下了悬念；四是显示出某种随意性，各种构成因素有一种散乱而漫不经心的感觉，似乎回眸的偶然一瞥，强调现场的真实感。观者由被动接受转化为主动思考，是对观者的创造力、想象力和参与能力的充分信任。开放式构图适合表现动作、情节、生活场景为主题材内容的摄影，尤其在新闻摄影、纪实摄影中更能发挥其长处。

图 2-101　开放式构图（一）　　　　　　　　　　图 2-102　开放式构图（二）
（摄影者黄德高，2011 年，武汉东湖植物园，《秋菊》）　　（摄影者黄德高，2010 年，湖北赤壁陆水湖，《开屏的孔雀》）

2.3
数码单反摄影——拍摄手法

2.3.1　数码单反摄影——对比手法拍摄

数码单反摄影中，对比手法拍摄可分为大小对比拍摄、简洁烦琐对比拍摄和虚实对比拍摄。

人们往往会有这样的感觉，一幅画面中的面积大的对象更能引起观者的注意，吸引观者的视线，成为画面的视觉中心，如图 2-103 所示。大小对比拍摄是指拍摄时利用大小对比的手法突出被摄对象，多利用近景、特写等来表现被摄对象，使被摄对象的面积占据很大的画面空间，通过这种优势达到突出被摄对象的目的，如图 2-104、图 2-105 所示。

简洁烦琐对比拍摄是指利用简洁的背景或前景突出较为烦琐的被摄对象，或者利用烦琐的背景或前景来突出简洁的被摄对象的方法，如图 2-106、图 2-107 所示。拍摄者如果在烦琐的背景前没有信心处理好画面，可以选择颜色较为统一或者物体大小类似的背景，这会让画面显得饱满而被摄对象突出，如图 2-108 至图 2-113 所示。

虚实对比拍摄是指通过画面中虚实对比达到突出被摄对象的目的。通过景深的控制，可以影响被摄对象对焦前后清晰范围的大小，如图 2-114 所示。在拍摄中，利用大景深使画面中被摄对象的清晰范围变小以产生虚实的变化，这种虚实的变化可以在画面中凸显出来。虚化背景，直接地省略烦琐的背景，突出被摄对象，如图 2-115至图 2-119 所示。

图 2-103　大小对比拍摄（一）
（摄影者刘军，2008 年，江西，《稻草垛》）

图 2-104　大小对比拍摄（二）
（摄影者刘军，2008 年，海南，《猴》）

图 2-105　大小对比拍摄（三）
（摄影者孔舜，2012 年，
华中农业大学，《一棵树一个人》）

图 2-106　简洁烦琐对比拍摄（一）
（摄影者孔舜，2013 年，汉口江汉路，《隔阂》）

图 2-107　简洁烦琐对比拍摄（二）
（摄影者黄绍冬，2011 年，武汉）

图 2-108　简洁烦琐对比拍摄（三）
（摄影者刘军，2012 年，武汉，《藤枝雪亭》）

图 2-109　简洁烦琐对比拍摄（四）
（摄影者黄德高，2012 年，《荷瓣》）

图 2-110　简洁烦琐对比拍摄（五）
（摄影者李勤，2011 年，台湾孙中山纪念馆，《凝聚力》）

图 2-111　简洁烦琐对比拍摄（六）
（摄影者刘安生，2008 年，上海，《车道》）

图 2-112　简洁烦琐对比拍摄（七）
（摄影者刘军，2012 年，武汉，《秋叶遍地》）

图 2-113　简洁烦琐对比拍摄（八）
（摄影者黄德高，2013 年，云南，《树影》）

图 2-114　虚实对比拍摄（一）
（摄影者黄绍冬，2011 年，武汉大学，《樱花》）

图 2-115　虚实对比拍摄（二）
（摄影者刘军，2010 年，
安徽，《油菜花》）

图 2-116　虚实对比拍摄（三）
（摄影者廖嘉辉，指导老师孔舜，2011 年，
汉口江汉路，《瑞狮》）

图 2-117　虚实对比拍摄（四）
（摄影者黄德高，2012 年，
武汉，《花影》）

图 2-118　虚实对比拍摄（五）
（摄影者孔舜，2012 年，武汉扬子街，《空座》）

图 2-119　虚实对比拍摄（六）
（摄影者刘安生，2008 年，西安法门寺，《水莲影》）

2.3.2　数码单反摄影——重复手法拍摄

　　数码单反摄影中，重复手法拍摄是指在一个摄影画面中使用一个基本形或两个以上相同的基本形进行平均的、有规律的排列组合，可利用相同重复骨格来进行形象、方向、位置、色彩、大小的重复手法拍摄，如图 2-120 至图 2-123 所示。重复手法拍摄的基本形可采用具象形、抽象形、几何形等的组合基本形。

　　数码单反摄影中，重复手法拍摄包含近似拍摄，自然界中近似形很多，如某种树的叶子，同种类的小鸟、房屋等，它们的造型都有近似的性质。近似拍摄是重复构成的轻度变化，是同中求异。

　　数码单反摄影中，重复手法拍摄可分为以下几类。

　　（1）形象的重复——基本形的形状一样，可有色彩（黑白灰）、方向的变化。

　　（2）大小的重复——大小相同，形状、色彩、方向可变化。

　　（3）方向的重复。

　　（4）位置的重复。

　　（5）中心的重复。

图 2-120　重复手法拍摄（一）

（摄影者黄德高，2012 年，武汉黄陂，《泥娃娃》）

图 2-121　重复手法拍摄（二）

（摄影者刘军，2008 年，海南）

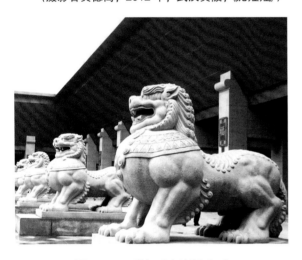

图 2-122　重复手法拍摄（三）

（摄影者刘安生，2008 年，西安法门寺）

图 2-123　重复手法拍摄（四）

（摄影者黄德高，2011 年，《牡丹花》）

2.3.3　数码单反摄影——特异手法拍摄

　　数码单反摄影中，特异手法拍摄是指进行规律的突破，使个别要素显得突出而引人注目，如图 2-124 所示。特异手法拍摄是具有比较性的，夹杂于规律性之中，特异部分数量不应过多，应选择放在画面中比较显著的位置，形成视觉的焦点。

　　数码单反摄影中，特异手法拍摄采用基本形的特异和骨格线的特异两种类型。无论哪种类型都必须注意特异构成对形状类型的不同要求，如图 2-125 至图 2-128 所示。

2.3.4　数码单反摄影——密集手法拍摄

　　数码单反摄影中，密集手法拍摄在摄影中是一种常见的组织图画的手法，基本形在整个构图中可自由分布，有疏有密，最疏或最密的地方常常成为整个设计的视觉焦点，在画面中造成一种视觉上的张力，并有节奏感。密集也是一种对比，利用基本形数量排列的多少，产生疏密、虚实、松紧的对比效果。密集手法拍摄中，基本形可采用具象形、抽象形、几何形等，但基本形的面积要小、数量要多，以便达到密集的效果，基本形的形状可以是相同的或相近的，在大小和方向上也可进行变化，如图 2-129 至图 2-131 所示。

图 2-124　特异手法拍摄（一）
（摄影者刘安生，2012 年，武汉）

图 2-125　特异手法拍摄（二）
（摄影者黄德高，2011 年，武汉）

图 2-126　特异手法拍摄（三）
（摄影者孔舜，2013 年，汉阳门码头，《归途》）

图 2-127　特异手法拍摄（四）
（摄影者刘安生，2011 年，荆州）

图 2-128　特异手法拍摄（五）
（摄影者刘一儒，2012 年，武汉，《黑天鹅与鱼》）

图 2-129　密集手法拍摄（一）
（摄影者黄德高，2011 年，武汉东湖，《小渠满春意》）

图 2-130　密集手法拍摄（二）
（摄影者黄德高，2011 年，武汉东湖植物园）

图 2-131　密集手法拍摄（三）
（摄影者刘军，2010 年，深圳，《荷塘》）

2.3.5　数码单反摄影——发射手法拍摄

数码单反摄影中，发射手法拍摄以骨格为单位环绕一个共同的中心点向四周重复，具有特殊的视觉效果。发射中心与方向的变化构成不同的图形，造成光学的动感和强烈的视觉效果，具有多方的对称性，如图 2-132 至图 2-139 所示。

数码单反摄影中，发射手法拍摄可分为以下几种。

（1）离心式，发射的骨格线均由中心向外发射。

（2）同心式，同心圆围绕着发射中心一层一层向外扩展。同心式的变化很多，如多圆中心、螺旋形等。

（3）向心式，骨格线自各方向向中心逼近。

图 2-132　发射手法拍摄（一）
（摄影者黄德高，2012 年，武汉，《烟花绽放》）

图 2-133　发射手法拍摄（二）
（摄影者刘军，2008 年，武汉，
《上树观看奥运圣火传递》）

图 2-134　发射手法拍摄（三）
（摄影者刘军，2010 年，
安徽木坑，《竹海》）

图 2-135　发射手法拍摄（四）
（摄影者刘军，2010 年，
深圳）

图 2-136　发射手法拍摄（五）
（摄影者黄德高，2012 年，
武汉长江二桥）

图 2-137　发射手法拍摄（六）
（摄影者黄德高，2012 年，
湖北红安天台山，《雾凇》）

图 2-138　发射手法拍摄（七）
（摄影者刘军，2013 年，
《水晶吊灯》）

图 2-139　发射手法拍摄（八）
（摄影者孔舜，2013 年，
武汉中山公园，《幸福摩天轮》）

2.3.6　数码单反摄影——肌理手法拍摄

肌理在摄影的视觉形式上体现为面形态的一种平滑感与粗糙感。在自然界里，肌理指的是物体表面的质感和纹理感。人、动物、植物和各种各样的物体都有不同形式的肌理，肌理的自然形式反映了世间万物在自然界中的存在方式。干旱的大地表面上，开裂的泥土所形成的肌理反映了严重缺水的自然现象，如图 2-140 所示。汽车流线型的造型及其光滑的表面是为提高速度而设计的。飞机表面铆钉所形成的肌理，汽车轮胎表面的肌理，地面植被所形成的肌理，虽然各有视觉审美的属性，有的也经过人为的设计和处理，但丝毫也不能掩盖肌理的使用功能。与实际的物体的肌理不同，在数码单反摄影中，对肌理的研究侧重于对肌理形式本身的研究，侧重于视觉上的感受，侧重于视觉肌理的形成及构成方式，如图 2-141、图 2-142 所示。

图 2-140 肌理手法拍摄（一）
（摄影者刘军，2008 年，
江西，《干裂的石土墙》）

图 2-141 肌理手法拍摄（二）
（摄影者罗皓，指导老师孔舜，
2011 年，《树皮下的年华》）

图 2-142 肌理手法拍摄（三）
（摄影者孔舜，2012 年，
汉口咸安坊，《脱漆木门》）

　　数码单反摄影的视觉肌理，是肌理在视觉上造成的一种视觉感受。数码单反摄影中，视觉肌理指的是规则或不规则形态以较小的尺度经过群化或密集化处理后所体现出的面的形态。视觉肌理表现为视觉上的质感，它不具备触觉上的质感，对视觉肌理而言，视觉上的粗糙感并不意味着触摸时也具有粗糙感。视觉肌理与视觉上的细腻感、粗糙感、质地感、纹理感等的具体表现，如图 2-143、图 2-144 所示。

　　视觉肌理的拍摄手法主要有以下两种：

　　（1）把物体表面的真实可触摸的立体化的肌理表现为摄影上可视的形态就可构成视觉肌理；

　　（2）把较小的尺度单位形态进行群化处理或密集化处理就可构成摄影的视觉肌理。

图 2-143 肌理手法拍摄（四）
（摄影者刘军，2013 年，汉口咸安坊，《狮子头》）

图 2-144 肌理手法拍摄（五）
（摄影者孔舜，2012 年，《车内朦胧》）

第三章

数码单反摄影——拍摄的光线和色彩

SHUMA DANFAN SHEYING —— PAISHE DE GUANGXIAN HE SECAI

3.1
数码单反摄影——光线

一幅成功的摄影作品必定少不了精彩的光线（见图3-1），而一幅失败的摄影作品，多半也是由于光线的不到位造成的。因此，学好数码单反摄影，必定要学习光线。

自然光，是指以太阳为光源照射到地球上的光线，不仅指晴天的阳光，也包括阴、雨、雪、雾天气所反射出来的光线，还有夜晚的月光和室内没有人工照明所见到的光线，这些皆属于自然光范围。

摄影者必须学会观察光线及其效果，不论在什么光线的情况下，尽可能地变换效果，只要移动脚步，光就有不同的变化。美国摄影艺术大师安塞尔·伊士顿·亚当斯所拍摄的大自然风光照片，那些山石、树木、明月、白雪堪称神奇的光与影的杰作，实际上他是用光与影在写诗。

光本身是以多种不同的形式出现的，摄影者要善于选择最适合的形式来达到特殊的目的。

照片是光与影的艺术产品，将光线称为摄影的灵魂一点也不为过。要拍摄好照片，就不能不掌握光线这个关键的元素。

图3-1　精彩的光线
（摄影者刘军，2013年，武汉，《透光的窗帘》）

3.1.1　直射光的拍摄

在晴天，阳光没有经过任何遮挡直接射到被摄对象上，被摄对象受光的一面就会产生明亮的影调，不直接受光的一面则会形成明显的阴影，这种光线称为直射光。在直射光下，被摄对象的受光面及不受光面会有非常明显的反差，因此容易产生立体感。

光可以是从灼热的光源发出的直射光，如不受云雾遮挡的日光，也可以是从聚光灯、摄影灯和闪光灯发出的直射人工光。当太阳被薄云遮挡，阳光仍会穿透白云扩散，这时所产生的照明反差将会降低，如图3-2所示。

直射光强烈耀眼、反差大，能造成清晰突出的阴影，如图 3-3 所示。实践表明，直射光造成的阴影部分，可以随着光源与被摄对象位置的变化而变化。这种阴影能够因其形状和所占部位的大小，加强或削弱被摄对象的特性。直射光会产生反差较强的光线，致使阴影较浓厚，调子变化较少，所拍出的影像线条及影调较硬，如图 3-4 所示。因此，摄影者要正确使用直射光，以便更好地表达摄影作品。

图 3-2　直射光的拍摄（一）
（摄影者刘军，2008 年，江西婺源，《透光的木窗》）

图 3-3　直射光的拍摄（二）
（摄影者刘一儒，2011 年，美术馆）

图 3-4　直射光的拍摄（三）
（摄影者刘军，2011 年，武汉汉街，《书店里的强光》）

3.1.2　散射光的拍摄

在阴天，室外的光线是非常柔和的散射光，阳光被云层所遮挡，不能直接射向被摄对象，只能透过中间介质或经反射照射到被摄对象上，光会产生散射作用，这类光线称为散射光。由于散射光所形成的受光面及不受光面不明显，明暗反差也较弱，光影的变化也较柔和，因此产生比较平淡柔和的效果。

散射光会产生反差较弱的光线，故阴影较淡，调子变化较丰富，会得出柔和的影像线条及影调，如图 3-5 所示。所以，摄影者应根据不同的情况选择适合的光线。

经过反射形成的散射光比较柔和、反差小，能形成灰色、模糊的阴影，或者根本没有阴影，如图 3-6 所示。当然，在这二者之间还有无数的过渡阶段。

　　使用散射光线拍摄被摄对象的真正难处，在于要把被摄对象的位置安排得能让散射光和反射光尽量照亮物体，同时又要使被摄对象背景部分没有任何障碍物。具体过程如下：选择一个开阔地，不要让障碍物挡住自然的散射光，如图 3-7 所示，摄影者可以走动，这样便可以观察被摄对象的光线效果，以便找到一个能得到最大限度散射光的位置。这种光线能柔化被摄对象的细节部分和缺陷。如果被摄对象是一层层的，为防止层次在核心部分产生阴影，摄影者应设法让镜头倾斜，直到几乎看不出阴影为止。摄影者可仔细检查背景，并在按动快门之前，对取景效果做到心中有数，尽量使被摄对象背景部分完全处在焦点之外，以免在完成的被摄对象上因清晰的背景而影响拍摄效果，如图 3-8 所示。

图 3-5　散射光的拍摄（一）
（摄影者刘一儒，2012 年，《白日梦》）

图 3-6　散射光的拍摄（二）
（摄影者刘安生，2012 年，武汉，《春色花香》）

图 3-7　散射光的拍摄（三）
（摄影者黄德高，2012 年，武汉东湖，《梨园春景》）

图 3-8　散射光的拍摄（四）
（摄影者刘军，2008 年，江西，《古居用品》）

3.1.3　反射光的拍摄

　　反射光的拍摄能表现出被摄对象的形状，并能细腻和自然地再现出被摄对象的原貌，而与被摄对象和光源的相对位置关系不大，如图 3-9、图 3-10 所示。反射光包括从被照射物体表面反射的散射光，如雾天或阴天的日光；从墙壁、天花板、玻璃镜面、水面、大理石地面或其他反射光的物体表面反射出来的人工光，利用这些反射光进行拍摄，如图 3-11 至图 3-14 所示。

图3-9　反射光的拍摄（一）
（摄影者刘军，2010年，深圳，《水房相映》）

图3-10　反射光的拍摄（二）
（摄影者刘安生，2011年，荆州，《水中房亭》）

图3-11　反射光的拍摄（三）
（拍摄者成茜，2013年，安徽宏村，《过桥》）

图3-12　反射光的拍摄（四）
（摄影者黄德高，2011年，武汉，《湖中莲灯》）

图3-13　反射光的拍摄（五）
（摄影者刘安生，2008年，周庄，《玻璃窗内拉糖人》）

图3-14　反射光的拍摄（六）
（摄影者刘军，2011年，武汉，《窗上对街的房影》）

3.1.4 逆光的拍摄

逆光是由被摄对象背后射来，正面射向相机的光线。逆光拍摄的被摄对象绝大部分处在阴影之中。因为逆光拍摄的光线的对比较弱，所以立体感也较弱，影调比较阴沉。逆光拍摄可以用来勾画被摄对象的侧影和轮廓，还可以凸显被摄对象的质感和形状，清楚地展示被摄对象的线条，如图 3-15 所示。在明朗的天气下使用逆光拍摄会创造出一种强烈的反差效果。

逆光拍摄是摄影用光中的一种手段。广义上的逆光拍摄包括全逆光拍摄和侧逆光拍摄两种。

全逆光是对着相机，从被摄对象的背面照射过来的光，也称背光。拍摄日出、日落就属于全逆光拍摄，如图 3-16、图 3-17 所示。

图 3-15　逆光的拍摄(一)
(摄影者黄德高,2011 年,
武汉,《芦荡火种》)

图 3-16　全逆光拍摄(一)
(摄影者刘军,2012 年,
武汉东湖,《红叶迎阳》)

图 3-17　全逆光拍摄(二)
(摄影者刘军,2009 年,
九宫山,《山顶发电风车》)

来自相机的左前方或右前方的光线称为侧逆光。它令被摄对象产生小部分受光面和大部分的阴影面，所以影调较阴沉，这种摄影方法在被摄对象上产生的立体感会比顺光的好一些，但仍然偏弱。侧逆光是从相机左、右 135°的后侧面面向被摄对象的光，被摄对象的受光面占 1/3，背光面占 2/3。从光比（亮暗处照度的比值）来看，被摄对象和背景处在暗处，因此明与暗的光比大，反差强烈。从光效（光源所发出的总光通量与该光源所消耗的电功率的比值）来看，逆光对不透明物体产生轮廓光；对透明或半透明物体产生透射光；对液体或水面产生闪烁光。如果摄影者能将逆光摄影的手段运用得当，对增强摄影创作的艺术效果无疑是很有价值的。

逆光是一种具有艺术魅力和较强表现力的光线，它能使画面产生完全不同于我们肉眼在现场所看到的实际光线的艺术效果。逆光的艺术表现力主要可概括为以下几个方面。

第一，逆光能够增强被摄对象的质感。特别是拍摄透明或半透明的物体，如花卉、植物枝叶等，如图 3-18 所示，逆光为最佳光线。一方面，逆光照射使透光物体的色明度和饱和度都能得到提高，使顺光光照下平淡无味的透明或半透明物体呈现出美丽的光泽和较好的透明感，平添了透射增艳的效果；另一方面，逆光使同一画面中的透光物体与不透光物体之间的亮度差明显拉大，明暗相对，大大增强了画面的艺术效果。

第二，逆光能够增强氛围的渲染性。特别是在风光摄影中的傍晚或早晨，如图 3-19 所示。采用低角度、大逆光的光影造型手段，逆射的光线会勾画出红霞如染、云海蒸腾，山峦、村落、林木如墨，如果再加上薄雾、轻舟、飞鸟，相互衬托起来，在视觉和心灵上就会引发出共鸣，使作品的内涵更深，意境更高，韵味更浓。

图 3-18　逆光的拍摄(三)
(摄影者李勤,2011 年,青岛,《清晨垂钓》)

图 3-19　逆光的拍摄(四)
(摄影者刘军,2012 年,
武汉,《黄昏时分拉购物车的男人》)

　　第三,逆光能够增强视觉的冲击力(见图 3-20)。在逆光的拍摄中,由于暗部比例增大,相当部分细节被阴影所掩盖,被摄对象以简洁的线条或很少的受光面积凸显在画面之中,这种大光比、高反差给人以强烈的视觉冲击,从而产生较强的艺术效果。具体来说,首先,逆光能使背景处于背光之下,曝光不足,色彩还原差,使背景得到净化,从而获得突出被摄对象的效果;其次,逆光能生动地勾勒出被摄对象清晰的轮廓线,使被摄对象与背景分离,凸显被摄对象的外形起伏和线条,强化被摄对象的主体感;最后,逆光能深入地刻画人物性格,由于整个画面受光面积小,面部与身体的大部分处于阴影之中,形成以深色为主的浓重低调画面,有助于表现人物深沉、含蓄或忧郁的性格。同时,由于影调反差对比度较大,明暗光线布局强烈,既可使人物面部的某些缺欠借助强光加以冲淡,又可利用背光的暗影予以隐匿,以取得扬长避短之效。

　　第四,逆光能够增强画面的纵深感。特别是早晨或傍晚在逆光下拍摄,由于空气中介质的不同,使色彩构成发生了远近不同的变化,如前景暗、背景亮,前景色彩饱和度高、背景色彩饱和度低,从而造成整个画面由远及近,色彩由淡而浓、由亮而暗,形成了微妙的空间纵深感,如图 3-21 所示。

图 3-20　逆光的拍摄(五)
(摄影者刘安生,2009 年,厦门,《瞬时天空》)

图 3-21　逆光的拍摄(六)
(摄影者刘军,2012 年,
武汉解放公园,《晚霞下的群马》)

3.1.5　顶光的拍摄

光线由被摄对象上方而来的称为顶光，顶光的拍摄如图 3-22 至图 3-26 所示。中午 12 点以后、下午 2 点以前，顶光过于强烈，无论拍摄风景或人像都不太适合。顶光常会在被摄对象上造成强大的阴影，若用于人像摄影，则人脸部的鼻下、眼眶等处会形成浓黑的阴影。

顶光的拍摄通常是用来描出人或物上半部的轮廓，和背景隔离开来，但光线从上方照射在被摄对象的顶部，会使景物平面化，缺乏层次，色彩还原效果也差，这种光线很少运用。

图 3-22　顶光的拍摄（一）
（摄影者刘军，2010 年，深圳，《榕树下的红灯》）

图 3-23　顶光的拍摄（二）
（摄影者刘军，2010 年，江西婺源，《花枝日光浴》）

图 3-24　顶光的拍摄（三）
（摄影者刘军，2010 年，
深圳，破墙而出）

图 3-25　顶光的拍摄（四）（摄影者
马壮，指导老师蒲军，2012 年，
安徽宏村，《徽州人家》）

图 3-26　顶光的拍摄（五）
（摄影者刘军，2012 年，
武汉东湖，《秋叶暖阳》）

3.1.6 侧光的拍摄

来自相机左侧或右侧的光线称为侧光，它会使被摄对象的一半为受光面，而另一半处于阴影中，有利于表现被摄对象的起伏状态，如图 3-27 所示。侧光的光源是在相机与被摄对象形成的直线的侧面，从侧方照射到被摄对象上的光线，此时被摄对象正面一半受光线的照射，影子修长，投影明显，立体感很强，很有表现力。由于侧光拍摄的明暗对比强烈，不适合表现被摄对象细腻质感的一面。不过许多情况下这种侧光可以很好地表现被摄对象粗糙表面的质感。

由于侧光照明使被摄对象的阴影面积增大，因此画面的影调不亮不暗、明暗参半，不及由顺光和前侧光产生的效果那样明快，但亦不会太阴沉，如图 3-28 所示。

从相机左后方或右后方射向被摄对象的光线称为前侧光。受光的被摄对象大部分都会受光，产生的亮面大，所以影调也较明亮，被摄对象不受光而产生阴影的面积也不会太大，但也可以表现出被摄对象的明暗分布和立体形态。这类光线既可保留比较明快的影调，又可以展现被摄对象的立体形态。

图 3-27 侧光的拍摄(一)
(摄影者孔舜,2013 年,武汉动物园,《鹅首阔步》)

图 3-28 侧光的拍摄(二)
(摄影者刘军,2008 年,安徽西递,《暖阳中的小猫》)

3.1.7 脚光的拍摄

脚光的光源位于被摄对象的下方，这种光线在日常生活经验中较少见，在一般摄影场合应用较少。将光源置于被摄对象之下向上照射，会制造出一种阴森恐怖的效果，一般电影中使用较多，为了刻画反面人物的阴险可憎，往往会使用很硬的脚光，但高楼大厦的脚光灯的光源拍摄起来却能体现出现代都市建筑的时尚感觉，如图 3-29 至图 3-32 所示。

图 3-29 脚光的拍摄（一）
（摄影者魏国俊，2005 年，西安，《大唐芙蓉园紫云阁》）

图 3-30 脚光的拍摄（二）
（摄影者黄德高，2013 年，云南，《夜灯壁画》）

图 3-31 脚光的拍摄（三）
（摄影者刘军，2010 年，深圳）

图 3-32 脚光的拍摄（四）
（摄影者刘军，2010 年，深圳）

3.2

数码单反摄影——色彩

色彩也同样会使画面形成特别的气氛或感情。红色是强力、温暖和进取的象征，如图 3-33、图 3-34 所示；蓝色和绿色是宁静、和平、寒冷的颜色，如图 3-35 至图 3-38 所示；棕色和黄色则相当于黑白摄影的中色调，是冷色调和暖色调的调和体，如图 3-39 至图 3-42 所示。要注意运用恰当的颜色来衬托被摄对象，对比性不宜太强，否则会有不调和之感。合理运用光线的技巧，可使画面中的最重要部分比其他任何部分都明亮些。

图 3-33　红色的拍摄(一)
(摄影者刘军,2008 年,安徽西递)

图 3-34　红色的拍摄(二)
(摄影者刘安生,2013 年,湖北应城,《红桥亭》)

图 3-35　蓝色的拍摄(一)
(摄影者 黄绍冬,2013 年,桂林)

图 3-36　蓝色的拍摄(二)
(摄影者刘军,2008 年,武汉东湖,《冰雕》)

图 3-37　绿色的拍摄(一)
(摄影者刘军,2010 年,安徽木坑,《竹林小道》)

图 3-38　绿色的拍摄(二)
(摄影者黄德高,2009 年,成都,《绿丛中的藤椅》)

图 3-39　棕色的拍摄(一)
(摄影者黄德高,2011 年,湖北,《建设中的大桥》)

图 3-40 棕色的拍摄（二）
（摄影者黄德高，2012 年，
武汉东湖，《残荷》）

图 3-41 黄色的拍摄（一）
（摄影者黄德高，2011 年，
随州，《银杏小林》）

图 3-42 黄色的拍摄（二）
（摄影者刘军，2012 年，
武汉东湖，《银杏叶》）

3.2.1 单色拍摄

单色拍摄是画面景调形式的一种，中间调是单色拍摄作品中最常用的景调形式。中间调有两点：一是明暗关系，既不是亮调，也不是暗调；二是反差关系，介于软调和硬调中间。

黑、灰、白景调较均等分布构成的拍摄，其特点是景调浓淡相间，明暗配置适当、层次比较丰富，易表达景物的立体形状和细微的表面结构，是最常见的一种景调形式。景调反差适中的拍摄，它源于人眼观察客观景物时所得的印象，如图 3-43 至图 3-49 所示。

图 3-43 单色拍摄（一）
（摄影者黄德高，2012 年，湖北红安，《雾中溪》）

图 3-44 单色拍摄（二）
（摄影者刘军，2008 年，江西，《柱角》）

图 3-45　单色拍摄（三）
（摄影者孔舜，2011 年，武汉南京路）

图 3-46　单色拍摄（四）
（摄影者刘一儒，2012 年，武当山三清阁，《三重天》）

图 3-47　单色拍摄（五）
（摄影者黄德高，2012，湖北红安天台山，《雾凇》）

图 3-48　单色拍摄（六）
（摄影者刘一儒，2012 年，《她·绽》）

图 3-49　单色拍摄（七）
（摄影者刘璟亮，指导老师孔舜，2011 年，武汉汉口老租界）

3.2.2　暖色调拍摄

被摄对象若以暖色为主，在色彩还原时能准确形成暖色。暖色调和画面偏红有所不同：前者是指一种色彩倾向，后者为整个画面偏红。暖色调常常用来表现温暖、热情、光辉、欢乐和喜庆的拍摄画面。

暖色调拍摄的画面往往让人感到亲切，在空间感上，有前进和扩张感。在暖色调拍摄中，色彩含红、橙、黄、黑四种色系，它们在画面中进行组合，可使拍摄色彩的吸引视觉的关注性极高，如图3-50至图3-56所示。

暖色应用在拍摄中还会带来一些其他的感受，比如暖色偏重、暖色有密度的感觉、透明感较弱、显得干燥、有迫切感等，这些感觉是受我们心理作用而产生的主观印象，属于一种心理错觉。

图3-50　暖色调拍摄（一）
（摄影者刘安生，2008年，北京故宫，《围栏》）

图3-51　暖色调拍摄（二）
（摄影者李勤，2011年，内蒙古，《骆驼群》）

图3-52　暖色调拍摄（三）
（摄影者刘军，2010年，深圳，《鲤鱼红亭》）

图3-53　暖色调拍摄（四）
（摄影者黄德高，2013年，武汉，《暖阳郁金香》）

图3-54　暖色调拍摄（五）
（摄影者黄德高，2012年，武汉，《朝阳码头》）

图 3-55　暖色调拍摄（六）
（摄影者孔舜，2013 年，武汉东西湖区，《斗狮》）

图 3-56　暖色调拍摄（七）
（摄影者刘军，2008 年，海南，《茅草屋》）

3.2.3　冷色调拍摄

被摄对象若以冷色为主，在色彩还原时可形成冷色。冷色调常表达冷清、压抑、忧伤等场景画面。

冷色调的拍摄让人感到冷静和疏远，在空间感上，有后退和收缩感。冷色调的拍摄中，色彩含绿、青、蓝、白四种色系，在场景色彩中应用这四种色系可使拍摄色彩的吸引视觉的关注性降低，如图 3-57 所示。

冷色调也会带来一些其他的感受，如冷色偏轻、有稀薄感、有透明感、显得湿润等，如图 3-58 至图 3-60 所示。

图 3-57　冷色调拍摄（一）
（摄影者黄绍冬，2013 年，桂林，《冬枝》）

图 3-58　冷色调拍摄（二）
（摄影者黄德高，2011 年，随州桃源湖，《幽静山水》）

图 3-59　冷色调拍摄（三）
（摄影者刘军，2012 年，武汉东湖，《深冬草木》）

图 3-60　冷色调拍摄（四）
（摄影者刘一儒，2012 年，武汉水族馆，《不曾触碰的世界》）

3.2.4 浅色调拍摄

被摄对象的色彩不饱和，混有白色，无色拍摄反光率较高，且处于强光照射下，色彩还原时可形成浅色调。浅色调拍摄往往具有轻盈、柔软感，给人缓和的感觉，如图 3-61 至图 3-64 所示。

图 3-61　浅色调拍摄（一）
（摄影者李勤，2011 年，青岛，《清晨海岸》）

图 3-62　浅色调拍摄（二）
（摄影者刘军，2010 年，深圳，《圆顶房》）

图 3-63　浅色调拍摄（三）
（摄影者黄德高，2011 年，武汉东湖，《静静绽放》）

图 3-64　浅色调拍摄（四）
（摄影者黄德高，2012 年，湖北红安天台山，《俯首》）

3.2.5 灰色调拍摄

灰色原意是灰尘的颜色，它居于白色与黑色之间，中等明度，属无彩度及低彩度的色彩。从生理上看，灰色对眼睛的刺激适中，既不眩目，也不暗淡，属于视觉最不容易感到疲劳的颜色。因此，视觉以及心理对灰色的反应平淡、乏味、沉闷、寂寞、颓废、忧郁、消极，具有抑制情绪的作用。

数码单反摄影中，灰色与含灰色数量极大，变化极丰富，凡是衰败、枯萎的都会被灰色所吞没。但灰色是复杂的颜色，漂亮的灰色常常要用优质原料精心配制才能生产出来，而且往往只有具备较高文化艺术知识与审美能力的人才乐于欣赏。因此，灰色在拍摄中的应用也能给人以宁静、朴素、高雅、精致、含蓄、耐人寻味的印象。

灰色是无性格、无主见的颜色，可与纯色任意搭配，是达到色彩和谐的最佳调和剂，在数码单反摄影中应用相当普遍。灰色调拍摄如图 3-65 至图 3-69 所示。

图 3-65　灰色调拍摄（一）
（摄影者黄德高，2012 年，
武汉，《植物结》）

图 3-66　灰色调拍摄（二）
（摄影者黄德高，2011 年，
随州，《狗尾巴草》）

图 3-67　灰色调拍摄（三）
（摄影者黄德高，2012 年，
武汉，《蜓歇》）

图 3-68　灰色调拍摄（四）
（摄影者黄德高，2012 年，武汉东湖，《湖面晶光》）

图 3-69　灰色调拍摄（五）
（摄影者刘军，2008 年，江西婺源，《草帽蓑衣》）

3.2.6　深色调拍摄

被摄对象的色彩不饱和且黑色较多，或者是消色景物平面反光率不高，而且处于少光量照明之下，色彩在还原时可形成深色调。深色调拍摄的影像具有压力、重量感，令人感觉压抑、严肃甚至神秘，如图 3-70 至图 3-75 所示。

图 3-70　深色调拍摄（一）
（摄影者刘安生，2008 年，西安，《双马》）

图 3-71　深色调拍摄（二）
（摄影者刘安生，2008 年，周庄，《屋中水乡》）

图 3-72　深色调拍摄（三）
（摄影者刘军，2008 年，安徽宏村，《老房摆设》）

图 3-73　深色调拍摄（四）
（摄影者刘军，2008 年，安徽西递，《山中迷雾》）

图 3-74　深色调拍摄（五）
（摄影者黄德高，2011 年，武汉东湖，《树妖》）

图 3-75　深色调拍摄（六）
（摄影者黄德高，2011 年，武汉，《枯豆》）

3.2.7　深浅色调对比拍摄

深浅色调是强调拍摄光源的色调，被摄对象的颜色深浅分布有一定比例，不同色系的被摄对象由于接受照度不同以及阴影的作用使相互间的差异加大，同一色系的被摄对象也由此产生明度和饱和度的变化而构成色彩差别，如图 3-76 至图 3-78 所示。

深浅色调对比拍摄有一种强烈的个人倾向，易形成十分和谐的风格。在拍摄中要注意，被摄对象的色彩必须做到非常有层次，明度系数也要拉开，才能达到鲜明的效果，如图 3-79、图 3-80 所示。

图 3-76　深浅色调对比拍摄(一)
(摄影者黄德高,2012 年, 武汉石榴红村,《灰瓦白墙》)

图 3-77　深浅色调对比拍摄(二)
(摄影者黄德高,2012 年,武汉,《菊花卷》)

图 3-78　深浅色调对比拍摄(三)
(摄影者黄德高,2012 年,
武汉,《透亮的茶花》)

图 3-79　深浅色调对比拍摄(四)
(摄影者黄德高,2012 年,
武汉动物园,《双鸵》)

图 3-80　深浅色调对比拍摄(五)
(摄影者刘军,2008 年,
江西,《门外绿枝》)

3.2.8　多色彩组合拍摄

富于装饰性的多色彩处理形式或手法,不拘泥于表现多色彩形象真实的光色变化,经常把拍摄中的色彩进行某种假定性的夸张或变形处理,以形成特定的多色彩装饰效果。在摄影作品中,多色彩处理形式多采用"虚实结合,以虚带实"的方法,或是强调平光照明下固有色配合的美,如图 3-81 至图 3-87 所示。

图 3-81　多色彩组合拍摄（一）
（摄影者刘军，2010 年，深圳，《脸谱墙》）

图 3-82　多色彩组合拍摄（二）
（摄影者黄绍冬，2013 年，桂林）

图 3-83　多色彩组合拍摄（三）
（摄影者孔舜，2013 年，武汉东西湖区，《双龙》）

图 3-84　多色彩组合拍摄（四）
（摄影者黄德高，2012 年，武汉，《中式迎亲》）

图 3-85　多色彩组合拍摄（五）
（摄影者刘军，2012 年，武汉，《雪中乐园》）

图 3-86　多色彩组合拍摄（六）
（摄影者郭阳，2011 年，泰国，《神像》）

图 3-87　多色彩组合拍摄（七）
（摄影者黄绍冬，2013 年，桂林）

3.2.9 互补色拍摄

在色环直径两端形成的色相互为补色。在数码单反摄影中，确定两种颜色是否为互补关系，最好是将它们相混，看是否能产生灰色，如达不到就要对色相成分进行调整才能找到准确的补色。如图3-88所示，一对补色并置在一起，可以使对方的拍摄色彩更鲜明。最典型的补色对是红和绿（见图3-89）、黄和紫、蓝与橙（见图3-90）。红绿色对的明度接近，冷暖对比居中，因而在拍摄中相互强调的作用非常明显；黄紫色对明暗对比强烈，色彩个性悬殊，是拍摄补色中最突出的一对；蓝橙色对明暗对比居中，冷暖对比活跃而生动。补色对比的对立性促使对立双方的拍摄色相更加鲜明，效果显著，如图3-91至图3-93所示。

图3-88 互补色拍摄（一）
（摄影者刘军，2012年，武汉东湖，《湖景》）

图3-89 互补色拍摄（二）
（摄影者黄德高，2012年，武汉，《红绿叶》）

图3-90 互补色拍摄（三）
（摄影者刘军，2012年，武汉，《傍晚隧道的瞬间》）

图3-91 互补色拍摄（四）
（摄影者黄德高，2012年，武汉，《艳丽仙人球》）

图3-92 互补色拍摄（五）
（摄影者黄德高，2012年，湖北云雾山，《花山与青山》）

图3-93 互补色拍摄（六）
（摄影者黄德高，2012年，武汉，《哥俩撞色》）

3.2.10　相邻色拍摄

在色环上顺序相邻的色相互为相邻色，如红与橙、黄与绿、橙与黄等。相邻色属于色相弱对比范畴，它最大的特征是明显的统一性，可以为暖色调拍摄、冷暖中调拍摄或冷色调拍摄，同时在统一中不失对比的变化，如图3-94至图3-97所示。

图3-94　相邻色拍摄（一）
（摄影者李勤，2011年，武汉，《舞动》）

图3-95　相邻色拍摄（二）
（摄影者刘军，2010年，武汉东湖，《水云间》）

图3-96　相邻色拍摄（三）
（摄影者黄德高，2012年，武汉，《睡莲》）

图3-97　相邻色拍摄（四）
（摄影者刘军，2008年，江西婺源，《炫亮阳伞》）

第四章

数码单反摄影——五个物的拍摄

SHUMA DANFAN SHEYING —— WUGEWU DE PAISHE

4.1
数码单反摄影——人物

数码单反摄影中，凡是以静态或动态人物为被摄对象的各种题材，都属于人物摄影的范畴，着重描绘其外貌和精神面貌，如人像、家庭生活、婚礼（见图 4-1）、童年纪实、校园动态、旅游观光、时装穿戴、舞台演出、体育活动、工作现场、佳节盛会、风土人情（见图 4-2）、社会新闻、人体艺术等。

为使数码单反摄影人物符合形神兼备的要求，摄影师除正确掌握相机使用技术外，还要在观摩优秀摄影作品和学习有关摄影知识的基础上，经常对生活中的各种人物细致观察，认真思考，以便在人物摄影实践中能扬长避短，多拍摄优秀作品。

图 4-1　人物拍摄（一）
（摄影者黄德高，2012 年，武汉，《花童》）

图 4-2　人物拍摄（二）
（摄影者孔舜，2013 年，武汉东西湖区）

4.1.1　单人特写拍摄

拍摄单人特写时，摄影者应让被摄人物尽量放松，让他们想象一些有趣的事，抓拍最美一刻。

在拍摄单人特写时，摄影者需要考虑下面几个因素。

第一，在拍摄单人特写时应注意光线的应用。尽量让光线位于摄影者的身后，如果光线很强，应让被摄人物位于阴凉处，因为刺眼的光线会让被摄人物的脸部看起来过度偏白，不自然。如果在阴凉处时的光线又有些弱，摄影者可使用闪光灯来增强被摄人物脸部的光线。

最佳的拍摄时间是在下午，这时的光线柔和、呈金黄色。在其他时候，摄影者可以在相机上加滤色镜，以得到同样的效果。单人特写拍摄如图4-3至图4-6所示。

图4-3　单人特写拍摄（一）
（摄影者孔舜，2013年，武汉东西湖区，《龙船媳妇》）

图4-4　单人特写拍摄（二）
（摄影者黄德高，2013年，云南，《民族姑娘》）

图4-5　单人特写拍摄（三）
（摄影者刘军，2008年，安徽西递，《石雕师傅》）

图4-6　单人特写拍摄（四）
（摄影者刘安生，2008年，周庄，《织布老太》）

第二，拍摄单人特写时注意拍摄位置。尽量靠近一些，不要将所有的物体都拍摄下来，如果是做特写镜头，就完全可以让被摄人物充满整个画面，如图4-7所示。对着被摄人物的视线水平拍摄可以得到最好的效果，若是给小孩拍摄，摄影者在拍摄时就需要蹲下来，如图4-8所示。

第三，拍摄单人特写时还需要注意图像比例。一般情况下是保持被摄人物的眼睛在画面中央，如果被摄人物看起来有些偏向一边，就在空出的一边加上一些其他的物体，如图4-9所示。如果被摄人物的明暗反差强烈时，摄影者可以通过改变光圈的大小或快门速度来控制闪光在胶片上的照度，比如说，光圈大，闪光在胶片上的照度大；光圈小，则照度小，如图 4-10 所示。

图 4-7　单人特写拍摄(五)
(摄影者刘军,2013 年,武汉,《窗旁观望》)

图 4-8　单人特写拍摄(六)
(摄影者黄德高,2012 年,武汉木兰湖,《抓鱼》)

图 4-9　单人特写拍摄(七)
(摄影者黄德高,2012 年,武汉东湖,《高技厨师》)

图 4-10　单人特写拍摄(八)
(摄影者孔舜,2013 年,武汉东西湖区,《舞狮少年》)

4.1.2　少数人物的互动拍摄

　　如果要拍摄的是正在互动的人物，可以故意模糊图像的背景来强调速度。摄影师为了拍摄出自然生动的互动人像作品，通常运用两种方法：一种方法是根本不使被摄对象察觉的抓拍，俗称偷拍，如图 4-11、图 4-12 所示；

另一种方法是通过启发和引导被摄对象，使其表情产生自然变化再抓拍，如图4-13、图4-14所示。通常人们发现有人用相机瞄准自己时，就会停止正在进行的活动，放下手中的工作，转而正襟危坐，并且开始非常注意自己的表情。因为他们认为此时摄影师非常需要自己具有优美的姿势和表情，其实他们错了。摄影师此时所希望获得的是那些无拘无束、自然生动的形态，而不是这种呆板的、自我感觉良好的面孔。如何才能在拍摄时不被被摄对象发现呢？最常用的方法是利用长焦镜头，尽量不接近被摄对象，最好选用黑色机身的相机，因为白色机身容易引起被摄对象的注意。使用普通机身，较短焦距的镜头也可以进行偷拍，但要求摄影者拍摄动作一定要特别快，因为不可能在很接近被摄对象的地方长时间瞄准而不被被摄对象发现。法国的抓拍大师卡蒂埃·布列松就经常采用接近被摄对象的快速抓拍方法进行拍摄，他突然停在自己选中的被摄对象前，举起使用得非常熟练的LEICA相机，进行取景，对焦并连续按动快门，所有这些只在片刻间完成，当被摄对象发现摄影师时，他已扬长而去。

图4-11　少数人物的互动拍摄（一）
（摄影者孔舜，2013年，武昌昙华林，《教子》）

图4-12　少数人物的互动拍摄（二）
（摄影者黄德高，2012年，武汉东湖，《赏荷》）

图4-13　少数人物的互动拍摄（三）
（摄影者刘军，2010年，江西婺源，《护卫摄影师》）

图4-14　少数人物的互动拍摄（四）
（摄影者刘军，2008年，江西婺源，《门槛上的孩童》）

4.1.3　多人热闹场景拍摄

　　想要表现出多人场景的热闹气氛，没有必要一味地拍摄大家兴奋和张扬的表情，这样只会使照片看起来平淡无奇，让人厌倦。也许一些更加特别的照片在喧闹的聚会活动结束后才能得到更多人的青睐，如图 4-15 所示。也可以用很多方法在照片上加上一些趣味的或是特殊的效果，比如：摄影者可以将相机旋转 30° 拍摄，使被摄人物看起来好像处于一个很惊险的处境；或是使用广角镜头来扭曲人物的脸部等；或是采用鱼眼镜头来呈现多人热闹场景画面，如图 4-16、图 4-17 所示。

摄影师在沉浸于聚会的欢乐情绪之中时，还需要保持清醒的头脑，随时观察周围可以利用的一切元素，让照片画面更加有氛围，甚至可以考虑将聚会中的酒杯、铮亮的餐具作为清晰的前景，而将沉浸于欢乐中的人物虚化，这样人与物相互交融，却主次分明。虽然被摄人物被虚化，但仍能感觉到被摄人物热情高涨的情绪，前方的美酒佳肴虽然是清晰的，却似乎是为了更好地烘托整个画面的气氛而存在的。

图 4-15　多人热闹场景拍摄（一）
（摄影者黄德高，2012 年，武汉，《儿童节》）

图 4-16　多人热闹场景拍摄（二）
（摄影者黄德高，2011 年，武汉，《舞龙》）

图 4-17　多人热闹场景拍摄（三）
（摄影者孔舜，2013 年，武汉东西湖区，《龙首阔步》）

4.1.4 以景烘托人物的拍摄

拍摄人物时注意地点的选择，要以景烘托人物。对人物进行拍摄，首先要考虑拍摄位置。选择一个点作为简单的中间色调背景，树叶、草或是大海都可以。为了使人物的肤色变暗，可以找到一个类似颜色的背景，使人物的脸部光线保持明亮，保持背景的简单，或者是将带有特殊意义的物体作为背景。

摄影师通常具有很明确的创作主题，由于主题的不同，摄影师在选择背景时就应根据具体的情况分别予以合理的取舍。譬如，欲显示被摄人物的职业特点，可把其工作现场作为背景，并采用现场自然光线拍摄，力求画面产生常态的气氛，把环境作为画面的一个重要组成部分，以环境来衬托人，用环境来提示人物的内心世界。

好的景致能起到烘托、美化被摄人物的作用，而不良的景致则会影响画面的美观。在摄影中，有如下一些景致一般不宜充当背景：景物零乱繁杂；喧宾夺主的亮色块的景物；具有冷色调的景物，会使人物显出一种病态的样子，如图4-18所示；反差异常强烈的景物。

以景烘托人物的方法有如下几种。

（1）要将被摄主体安排在画面中的显著位置，一般还可让被摄主体占据较大的画幅，以便使观者一目了然，如图4-19所示。

（2）通过光线、影调、色彩的对比作用，突出被摄主体，如图4-20所示。例如：对明亮的被摄主体采用阴暗或深灰色背景；对阴暗的被摄主体采用明亮或淡灰色背景；运用逆光勾画出被摄主体的轮廓；对于彩色摄影，则可利用不同色相和明度的对比，突出主体。

（3）运用光圈的作用，控制景深，使被摄主体清晰而背景模糊，以虚衬实，突出被摄主体，如图4-21、图4-22所示。

（4）运用线条的作用，突出被摄主体。通常，画面线条的交叉点或汇合点可形成视觉中心，在这个位置安置被摄主体，易于吸引观者的注意力。

图4-18 以景烘托人物的拍摄（一）
（摄影者孔舜，2012年，武汉南京路，《背影》）

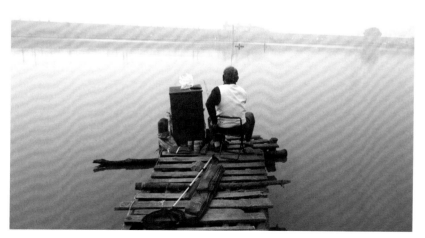

图4-19 以景烘托人物的拍摄（二）
（摄影者黄德高，2010年，武汉，《钓鱼》）

图 4-20　以景烘托人物的拍摄（三）
（摄影者孔舜，2013 年，武汉任冬街，《撑起》）

图 4-21　以景烘托人物的拍摄（四）
（摄影者刘安生，2008 年，周庄，《做竹器的大爷》）

图 4-22　以景烘托人物的拍摄（五）
（摄影者黄德高，2013 年，武汉东湖，《赛龙舟》）

4.2

数码单反摄影——动物

　　拍摄动物时，按动物生活场所的不同可分为以下几种拍摄对象：一是会飞的动物，如图 4-23、图 4-24 所示；二是地上行走的动物（见图 4-25）；三是水里游的动物（见图 4-26）。不同生活场所的动物拍摄方法也不完全一样。下面就动物的一般拍摄要领及器材选择进行简单介绍。

　　（1）拍摄器材的选择，动物活动范围大，常需要抓拍，因此宜使用 135 单镜头反光照相机。镜头可选择广角变焦镜与长焦变焦镜各一只，胶卷可选用中速胶卷，而拍摄快速跑的野生动物宜选用高速胶卷。

　　（2）表现方法。拍摄动物应从两个方面去表现：一方面是生态描写，主要表现其生活习性，如休息、玩耍、捕食等，以及个体特征，如虎的勇猛（见图4-27）、狼的凶残等；另一方面是形态描写，每一种动物都有各自的形态，如骆驼的驼峰、斑马的斑纹、大象的长鼻、黄牛的牛角（见图4-28）等，都能表现出造型的美感。

图 4-23 动物的拍摄（一）
（摄影者黄德高，2011 年，武汉东湖，《起飞》）

图 4-24 动物的拍摄（二）
（摄影者黄德高，2011 年，武汉，《蝶恋花》）

图 4-25 动物的拍摄（三）
（摄影者黄德高，2008 年，武汉，《靓丽贵宾犬》）

图 4-26 动物的拍摄（四）
（摄影者刘军，2010 年，武汉东湖，《群鱼夺食》）

图 4-27 动物的拍摄（五）
（摄影者孔舜，2013 年，武汉动物园，《虎之哀》）

图 4-28 动物的拍摄（六）
（摄影者黄德高，2013 年，武汉木兰湖，《母子》）

（3）拍摄技巧。动物拍摄的快门速度一般不低于 1/60 秒，对于动作敏捷的动物要使用 1/125 秒以上的快门速度。对于动作缓慢的动物，对焦都不成问题，而对动作快速、移动性大的动物对焦就比较困难，可采用区域对焦、定点对焦和移动对焦等方法来快速抓拍动物。

4.2.1　会飞的动物的拍摄

会飞的动物的颜色、动作和鸣唱能使人精神振奋。遥望展翅蓝天的雄鹰，不禁有一种自由自在之感；看到知更鸟哺育幼雏，感到由衷的欣慰；聆听画眉鸟的婉转歌声，就像在欣赏音乐。因此，摄影者便有了拍摄记录的欲望，但当拍摄会飞的动物时，还要设法捕捉它们那无形的美。用慢速拍摄的鸟群是不是会给人以优美的印象，倘若你看到一只金丝雀在迎风摇曳的蓟草上摇摇摆摆，或者看到群鸟在水湾里欢腾嬉戏，你会有什么感受？摄影者要设法明确自己的情感反应，然后利用相机把个人的感受再现于照片之中。

拍摄会飞的动物各种活动如下。

第一，拍摄会飞的动物群体行为。视觉是鸟类的主要感觉之一，这和人类是一样的。因为鸟类依靠自己的视觉获得大量信息，依靠视觉表意语来相互交流信息。如果学会了理解鸟类的视觉表意语，就能更好地预测它们的行动，这不仅有助于选用合适的镜头和其他设备，也能更准确地记录它们的群体行为（见图 4-29、图 4-30），这些知识能指导摄影者拍摄陌生的鸟类。

和繁衍生殖有关的视觉信号数量极大，任何有兴趣拍摄鸟类的摄影者都想记录一二。

（1）地盘。鸟类和繁殖有关的大部分行为都发生在一个自己圈定的地盘之内，地盘的大小不尽相同，一般取决于雌鸟的攻击能力。但是，多种鸟类（如燕子或塘鹅）抱窝所需的地盘虽然很小，但采食地需长途跋涉。例如，为了表现塘鹅占领地盘的形状，可用一个中等长度的远摄镜头，对准塘鹅的部分地盘，以记录各个鹅巢之间的距离。

（2）求偶（见图 4-31）。每种鸟都有自己求偶的视觉表意语，要学会并记录其各个阶段和几种视觉表意语在行为上的表现。

（3）抱窝行为。很多鸟类的抱窝期可分为三个阶段——筑巢、孵卵（见图 4-32）和哺雏。

鸟类在经过非常安静的孵卵期后，就开始了哺雏期。这个时期内有很多机会可以拍到小鸟向外张望和大鸟衔虫归巢的镜头。但抱窝的最高潮要算是小鸟学飞了，在小鸟试飞之前数小时内，大鸟便不断地掠过鸟巢快速飞下，用以鼓励小鸟展翅。假如此类场景发生在下午，那么小鸟的初次试飞大概会发生在次日上午。小鸟在最初几次离巢时，多半只飞几米的距离，飞到四周的树枝上。此时，可用 100 毫米的镜头轻而易举地拍摄成功。

图 4-29　会飞的动物的拍摄（一）
（摄影者孔舜，2013 年，武汉动物园，《观鹅》）

图 4-30　会飞的动物的拍摄（三）
（摄影者孔舜，2013 年，武汉动物园，《倒影》）

图 4-31　会飞的动物的拍摄(二)
（摄影者孔舜，2013 年，武汉动物园，《求偶》）

图 4-32　会飞的动物的拍摄(四)
（摄影者刘军，2011 年，武汉，《孵卵》）

　　鸟类的群体行为是一个不可穷尽的课题，这或许是因为我们研究得越多，就越能理解鸟类群体行为的缘故。找一些有关这方面的资料，读一读鸟类的群体等级、群体联系、群体差异、敌对行为、敌对行为的平息、同类的辨认、求偶以及筑巢等行为。

　　第二，拍摄会飞的动物求生行为。虽然群体行为是大多数鸟类生活内容的重要组成部分，但求生行为也是极其重要的。这可以从三个主要方面——移动（如飞行、步行，见图 4-33、图 4-34），保洁（如洗澡、用喙梳理羽毛，见图 4-35），以及摄食（鸟喙的形状和大小、腿的用途以及食物的储存）来研究，可使用较长的镜头拍摄鸟群群飞盘旋或鸟的头部特写（见图 4-36）。

　　摄影者用 50 毫米的镜头就可以满足鸟在草地上（见图 4-37、图 4-38）、水上或飞上蓝天的景象的拍摄。摄影者可试用一系列的快门速度——由快速到慢速（快速可以把飞行中的鸟群捕捉固定下来，慢速可以追拍记录一行飞鸟的清晰的细部，使背景模糊，从而赋予一种动感）。或者把相机固定在三脚架上，在暗光下用慢速或用感光很慢的胶卷，这时背景清晰而鸟群模糊，这种画面的飞翔感要比画面上样样清晰时强烈得多。利用暖色调的侧光可以达到戏剧性的效果。如果天色阴沉，也不必踌躇，因为此时拍摄地面上的鸟群，无论色彩和色调仍然效果显著。

图 4-33　会飞的动物的拍摄(五)
（摄影者黄德高，2011 年，武汉，《湖鸥》）

图 4-34　会飞的动物的拍摄(六)
（摄影者黄德高，2011 年，武汉，《鸽子步移》）

图 4-35　会飞的动物的拍摄（七）
（摄影者孔舜，2013 年，武汉动物园，《火候鸟》）

图 4-36　会飞的动物的拍摄（八）
（摄影者黄德高，2010 年，武汉动物园，《凝视》）

图 4-37　会飞的动物的拍摄（九）
（摄影者黄德高，2011 年，武汉）

图 4-38　会飞的动物的拍摄（十）
（摄影者黄德高，2011 年，武汉，《孔雀》）

　　摄食是鸟类的一种基本的求生行为，摄影者会发现有些鸟类的摄食场面是很容易拍摄的。有一些种类的鸟不太怕人，可以轻易地用食物把它们引入拍摄范围之内（见图 4-39、图 4-40）。山雀和克拉克星鸦都非常大胆，它们对人和相机从容自然，毫不拘束。

图 4-39　会飞的动物的拍摄（十一）
（摄影者黄德高，2011 年，武汉，《鸽子摄食》）

图 4-40　会飞的动物的拍摄（十二）
（摄影者黄德高，2013 年，云南，《鱼鹰抢鱼》）

4.2.2　地上走的动物的拍摄

　　对于不同的动物我们需要采取不同的拍摄方式，有的动物非常小，拍摄时应尽量靠近它们，可以使用微距镜头来拍摄，如图 4-41 至图 4-43 所示；对于那些体积比较庞大又很凶猛的动物，最好选择长焦镜头，这样可以有一个拍摄的安全距离，如图 4-44 所示。

图4-41　地上走的动物的拍摄（一）
（摄影者马壮，指导老师蒲军，2012年，武汉，《依偎》）

图4-42　地上走的动物的拍摄（二）
（摄影者孔舜，2013年，武汉动物园，《小袋鼠》）

图4-43　地上走的动物的拍摄（三）
（摄影者刘军，2013年，武汉，《注视窗外》）

图4-44　地上走的动物的拍摄（四）
（摄影者孔舜，2013年，武汉动物园，《依偎》）

　　摄影者接近动物时一定要非常小心，了解不同动物的习性是非常必要的，尤其是在野外拍摄（见图4-45、图4-46）时。通常，动物是不会让人靠它们太近的，它们的防护意识很强，一旦它们感觉到威胁时，它们可能会攻击你。因此，一定要非常小心，接近它们时脚步一定要很轻、很小心。另外，尽量减小数码单反相机马达的驱动声，这个噪声可能会吓走它们。

图4-45　地上走的动物的拍摄（五）
（摄影者黄德高，2011年，随州，《银杏树上的小猴》）

图4-46　地上走的动物的拍摄（六）
（摄影者黄德高，2012年，武汉木兰草原，《绿地绵羊》）

在拍摄动作敏捷且不受拍摄者意志控制的动物时，要求拍摄者像拍摄体育运动一样反应迅速。一是，动物越接近野生状态，就越会本能地与人类保持一定距离，想要靠近拍摄它们很难，所以在很多场合需要使用远摄镜头。二是，拍摄者往往必须随动物移动而移动，所以携带的摄影器材必须尽可能的轻便。在进行此类拍摄时，选用那些光圈较暗但便于携带的镜头往往比选用那些大光圈的明亮镜头更容易拍出好的照片。光线的朝向对于展现动物的魅力也非常重要（见图4-47）。特别是拍摄那些毛发蓬松的动物时，想要展现出它们的魅力，秘诀就在于拍出它们毛发的质感（见图4-48）。有时，摄影者利用太阳的逆光或者是半逆光拍摄动物也非常有效（见图4-49）。

拍摄地上走的动物要选择合适的角度，在给小动物拍照片时，它们不会听任摄影者的摆布，所以这就要考验摄影者的灵活性。例如当狗狗蹲下张开嘴巴看着你的时候，这时你可以选择一个让它感到舒适和放松的环境，最好的一个方法是水平拍摄。一般情况下，动物看我们都是从下往上，如果换个角度，让相机和它们水平视线方向保持一致，会有不一样的感觉，如图4-50所示。

除了拍摄动物的动作、神情之外，还可以考虑拍摄局部特写，比如面孔、鼻子、眼睛等，让其占据整个画面，使得照片更加生动有个性，如图4-51、图4-52所示。

图 4-47　地上走的动物的拍摄(七)
（摄影者黄德高，2013年，武汉木兰山，《亲密》）

图 4-48　地上走的动物的拍摄(八)
（摄影者刘军，2008年，海南，《坐立树干》）

图 4-49　地上走的动物的拍摄(九)
（摄影者黄德高，2010年，江西婺源，《牵牛》）

图 4-50　地上走的动物的拍摄(十)
（摄影者黄德高，2010年，武汉，《贵宾犬开会》）

图 4-51　地上走的动物的拍摄（十一）　　　　图 4-52　地上走的动物的拍摄（十二）
（摄影者黄德高,2013 年,武汉木兰湖,《舐犊情深》）　　（摄影者孔舜,2013 年,武汉动物园,《象之泪》）

　　拍摄地上走的动物要善于抓拍,动物的举动是无法预料的,时常会做出一些可爱又有趣的动作,所以摄影者就要善于捕捉它们的精彩瞬间。例如,可以拍摄它们有点困倦或是刚刚醒来的样子,或者拍摄瞬间扭头的样子,或者拍摄它们进食的样子,或者拍摄它们精力充沛活蹦乱跳时的样子等。

4.2.3　水里游的动物的拍摄

　　拍摄水里游的动物的方法简单介绍如下。

　　拍摄点是在一个潮汐形成的浅水湾或水塘,而被摄对象又贴近水面,这时有足够的明度,很容易曝光,只要把三脚架和相机装好,一切构图和曝光都和被摄对象在水里完全一样,主要的问题是白云、灰暗天空或是太阳本身在水面上的倒影在视觉上会起干扰作用。此时,摄影者只要撑一把暗色的大伞遮住你的构图区域就可以解决这个问题。不过,倒影在画面的比例要是把握得好,也会起到点缀作用,如图 4-53 所示。

　　拍摄平静的浅水水面下边的东西可使用的第二个方法——在相机上罩一个水密罩。只要让水密罩正对镜头的前面,就可以把镜头放入水下二至三厘米处。如果水的压力使水密罩无法定位,可利用水密罩上的套带。这种办法如稍加变化可能效果更好,但需要事前做些准备工作。把塑料平底杯的杯底切掉,在原来杯底的地方粘上一个紫外线滤镜或天光镜。必须使用环氧树脂胶水,并且确保所有缝隙都密封好。然后,把滤光镜片装在镜头上,把另一端伸到水面以下（水的压力会使平底杯固定在镜头周围）。

　　水里游的动物的拍摄还包括抓拍跳出水面的动物,如拍摄浮出水面鲸鱼、海狮（见图 4-54）等。

图 4-53　水里游的动物的拍摄（一）　　　　图 4-54　水里游的动物的拍摄（二）
（摄影者黄绍冬,2013 年,桂林,《清澈》）　　（摄影者孔舜,2013 年,武汉动物园,《海狮一跃》）

4.3
数码单反摄影——植物

4.3.1 数码单反摄影——花卉拍摄

花卉摄影（见图 4-55、图 4-56）在技法上有许多特殊的要求，与人像、风光摄影有很多不同之处，如取材、用光、构图、背景、色彩表现等都要适合花卉摄影的特殊要求和效果。同时，需要较多地使用近摄的造型手段，才能拍摄出艺术性较高的作品。

图 4-55 花卉拍摄（一）
（摄影者黄德高，2012 年，湖北云雾山，《小红花》）

图 4-56 花卉拍摄（二）
（摄影者黄德高，2012 年，武汉，《绿叶红花》）

一、花卉摄影的用光

花卉摄影的光线的运用，是摄影艺术造型的重要技法，它是表现花卉质感、姿态、色彩、层次的决定因素（见图 4-57）。拍摄同一类花卉，不同的用光，得出的效果就截然不同。

运用自然光拍摄，阳光在一天里变化较大，直接影响着花卉光照的角度和拍摄效果。

从光照度来分析，用自然光拍摄花卉，最好选择在日出后两小时内的光照度较为理想，造型效果好。早晨，由于花卉生理功能的关系，它们吸收了一晚上的营养，故花卉色泽特别鲜艳，显得质地娇嫩，拍摄的效果甚佳，色彩清晰，层次分明，影调明朗，反差适中。

从采光角度来分析，通常把自然光的采光角度划分为五种：正面光、侧光、顶光、逆光和散射光。采用正面光拍摄，光在画面中分布较大，花卉受光面均匀，但缺点是花卉缺乏立体感、层次感，影调平淡。若拍摄黑白照片，效果更差，因为黑白照片的画面效果，全靠影调的明暗（即黑、白、灰各种不同的层次）来表现。

运用侧光（前侧光或后侧光）来拍摄花卉，是人们认为最理想也是最常用的摄影用光。这种采光对花卉光照造型效果好，立体感强，层次分明，阴影和反差适度，色彩明度和饱和度对比和谐适中，如图 4-58 所示。

图 4-57　花卉拍摄(三)
(摄影者黄德高,2012 年,蔡甸索河,《河旁小花》)

图 4-58　花卉拍摄(四)
(摄影者黄德高,2011 年,武汉东湖植物园,《花儿双双开》)

　　运用顶光拍摄,光线投射在花卉的顶部,正面受光面少,造成画面反差大,缺乏层次,花卉色彩还原效果差,色温较高,照片容易偏蓝,故这种光线甚少运用。

　　运用逆光摄影,能够勾画出清晰的花卉轮廓线,光的造型效果好,如果花瓣质地较薄,会使之呈现透明或半透明状,能更细腻地表现出花的质感、层次和瓣片的纹理。运用这种光源,要注意补光及选用较暗的背景衬托,才能更突出地表现花卉形象,如图 4-59、图 4-60 所示。

　　运用散射光拍摄,也是较为理想的光源,它运用灵活,不受光源方向的限制,受光面均匀,影调柔和,反差适中。如果选择雨后的散射光拍摄会使花卉显得清新、光彩诱人,如图 4-61 所示。

图 4-59　花卉拍摄(五)
(摄影者刘军,2013 年,
武汉,《广玉兰》)

图 4-60　花卉拍摄(六)
(摄影者黄德高,2011 年,
武汉,《阳光洗礼》)

图 4-61　花卉拍摄(七)
(摄影者黄德高,2011 年,
武汉东湖植物园,《红串》)

二、花卉摄影的构图

花卉摄影的构图，是花卉摄影的一项主要技法，也是一种重要的造型手段。花卉摄影的构图，最基本的要求是被摄主体突出，构思新颖，造型优美。具体来说，花卉摄影的构图是由色彩、成像、影调、层次、线条、虚实等综合而成的。不同的花卉，有着不同的品格和风韵，如梅花的傲霜斗雪、荷花的亭亭玉立（见图4-62、图4-63）、兰花的幽香典雅（见图4-64)、菊花的千姿百态（见图4-65），都应采用不同的构思和不同的表现形式，表现出花卉各自的品格和特点。

图 4-62　花卉拍摄（八）
（摄影者黄德高，2012 年，武汉，《双荷》）

图 4-63　花卉拍摄（九）
（摄影者黄德高，2012 年，武汉，《艳阳红荷》）

图 4-64　花卉拍摄（十）
（摄影者黄德高，2012 年，武汉，《雅兰》）

图 4-65　花卉拍摄（十一）
（摄影者黄德高，2011 年，武汉东湖植物园，《清菊》）

色彩是花卉彩色摄影的取材、立意的先决条件，选定了花色后，就要考虑与被摄主体相配合的景物色彩，这称为构图中的色彩配合。画面上，最好既有一个基调，又有各色之间的细微对比与协调。

花卉摄影构图的要点如下。

（1）成像大小。一幅花卉摄影作品，花朵在整幅画面中所占的位置大小在构图中属于透视、对比的表现手段，画面的配置和花卉的取舍要依摄影者的创作意图而定，整体拍摄时与特写时花朵在画面占据的位置都不同。花卉摄影既要突出被摄主体，又要疏密相间，防止喧宾夺主，杂乱无章。

（2）角度。角度是指拍摄时相机与花卉两点之间的直线同水平线或垂直线相关联所构成的角度。俯拍、仰拍、偏左 / 偏右拍都会形成高低左右不同的摄影角度。角度稍微变化，也会对构图发生影响，所以要选择合适的拍摄角度。

（3）影调与层次。影调主要是指花卉受照射光的影响而产生的明暗层次。用正面光拍摄的花卉，影调明朗；用逆光拍摄的花卉，影调较暗；用侧光拍摄的花卉，叶片和花瓣上就会有明暗，层次分明。明调清新，暗调深沉，层次较多的中间调明快。浅色的花卉适宜用明调表现，深色的花卉适宜用暗调表现。不讲究影调，花卉的质感就不能很好地表现，没有层次，就表现不出花卉的立体感，摄影者应在再现花卉色彩的前提下，追求影调和层次效果。

（4）线条。线条是花卉摄影最重要的一个因素，没有线条，就没有花卉的形态。在一幅花卉作品中，线条好比骨架，色彩好比肌肤，缺一不可。在考虑构图时，要注意分析被摄花卉线条的特点，要善于取舍并加以选择和利用，使线条在画面上既有对比，又配合得体。

（5）虚实。在摄影艺术中，虚实是构图因素中一个特有的表现手段，它是借助镜头的特性完成的。运用虚实对比，目的是为突出主体，渲染气氛，增强艺术效果。摄影中的虚实，有不同的含义。实是聚焦求得主体清晰、逼真的基本技法要求。虚是艺术上的要求，虚的方式多种多样，目的是使主体形象更突出，以便达到一定的艺术效果，如图 4-66 所示。

产生虚实的艺术效果，通常是借助镜头的特性，通过光圈的运用控制景深达到虚实的效果。镜头的特性与影响景深的因素有三点：

① 镜头的焦距越长，景深范围就越小；

② 光圈越大，景深范围就越小；

③ 拍摄物距越近，景深范围就越小。

在拍摄花卉时，就要注意把主体花卉置于有效景深构图之中，利用景深的作用和原理，有意识地缩小景深，使画面产生虚实效果，增强画面的艺术感染力。

三、背景的处理

背景的处理是决定花卉摄影作品好坏的重要因素。背景在花卉摄影构图上起着陪衬和烘托主体的作用。

背景的处理主要分为两类。

第一类是利用自然条件布置背景。自然景物中，如天空、地面、草丛、湖水、树林等，都可以选作背景。例如，拍摄一幅以荷花为题材的特写画面，背景就可以多样变化，仰拍可用蓝天作背景，俯拍可以用水光倒影作背景，平拍或斜拍可衬以莲叶作背景。如果把荷花作中景，以莲叶和湖光山色为背景，可以得出不同的效果。

第二类是人工布置背景。用彩色纸或彩色布衬托主体花卉的背景，并且背景用色的纯度和明度都不能过高。背景用色，一般采用深色调，有时为了突出效果也可以用浅色调来处理，但应含有较多的灰色，否则会喧宾夺主，破坏主体和画面的整体效果。

四、花卉近摄技法

近摄，是花卉摄影的重要技法之一。从技法上讲，近摄是近距离进行拍摄，它能使被摄主体的聚集距离比用标准镜头聚集更近一些，是一种成像比例增大的摄影方法。近摄的方法，是在标准镜头上装接附加装置或更换其他镜头。在标准镜头上装接附加装置有两种方法：一是在标准镜头前加装近摄镜（半身镜）；二是在相机的机身与标准镜头之间加装接筒、皮腔或增距镜。近摄还有其他的方法，如更换相机的标准镜头，用于近摄的镜头有中焦距和长焦距镜头。采用这些不同的方法进行近摄，都能达到预期的理想效果，如图 4-67 所示。

图 4-66　花卉拍摄(十二) 　　　　　图 4-67　花卉拍摄(十三)

(摄影者黄德高,2012 年,武汉,《红花》) 　　(摄影者黄德高,2012 年,武汉,《小花》)

4.3.2　数码单反摄影——树木拍摄

作为自然环境的一部分，树木本身就是一种景色。

树木拍摄的要点如下。

(1) 特殊时段拍摄树木剪影。遇到整棵形态非常好看的枯树时，可以拍摄枯树的剪影，以便将树木的轮廓完全展现出来，如图 4-68 所示。一般拍摄这种单棵的树木，摄影师会选择使用广角镜头进行拍摄，可以采用较远的机位，完全拍下整棵树木的形态。一旦选择这种机位，势必在画面中会带入很多的天空部分，因此要注意拍摄时天空的光线情况，如果天空很亮，就会使画面较空，可以使用偏振镜或者渐变镜让天空的蓝色更加深邃，或者可以寻找光线比较好的特殊时段，例如日出和日落前后，这时候的光线最好，天空层次比较多，可避免画面较空的情况。特殊时段的光线，会让作品更加有意境，如图 4-69 所示。

图 4-68　树木拍摄(一) 　　　　　　图 4-69　树木拍摄(二)

(摄影者黄德高,2013 年,云南,《树影》) 　　(摄影者刘军,2010 年,深圳,《池塘旁的树枝》)

(2) 中心构图让树木更挺拔。在拍摄单棵树木时，为了表现树木的挺拔可以采取中心构图的方式，将树木放置在画面最中心的位置上，注意树冠要与上方的天空留有一定的空间，不要让取景的边界切到树冠上，前景尽量干净、平整，但是又能有丰富的细节（见图 4-70）。如果在水边拍摄，利用较慢的快门速度让树木和水面的倒影相接也是非常有趣的一种方式。拍摄很多树木的时候，需要更多地注意画面的整体构图，如图 4-71 所示。因为画面一旦被摄主体比较多，就难以形成视觉重点，让人感觉画面松散。这里提供三种比较常见的构图方法供大家选择：第一种，利用前景树木和背景树木的关系来表达一种空间上的纵深，使画面更具有立体感；第二种，向上仰拍树木的树枝和树冠，依然要注意天空部分不要过多，如图 4-72 所示；第三种，采取垂直地面的构图让重复的树干笔直地穿过画面也很有趣，如图 4-73 所示。

图 4-70　树木拍摄（三）
（摄影者刘军，2013 年，武汉，《松》）

图 4-71　树木拍摄（四）
（摄影者刘军，2009 年，宁波普陀山，《春意》）

图 4-72　树木拍摄（五）
（摄影者黄德高，2012 年，武汉木兰草原，《晚秋》）

图 4-73　树木拍摄（六）
（摄影者李勤，2011 年，台湾，《心形树》）

4.4
数码单反摄影——建筑物

4.4.1 数码单反摄影——体现民族特色的房屋拍摄

拍摄民族特色的建筑物的主要目的是为了展示设计者在建筑规模上、外形结构上都有很成功的设计，体现民族特色的建筑风格。民族特色的建筑物包括房屋群，单体房屋，房屋的内部形态、局部结构和饰物等，如图 4-74 所示。

民族特色的房屋正立面影像是整组文物档案影像中最重要的影像，其他立面的影像在整组影像中作为辅助影像，为了完整地表现民族特色的房屋，除了特殊情况下需要单幅影像外，应当既拍正立面主体，又拍局部。无论主体和局部都应当轮廓清晰，特别是局部细节必须交代清楚，所以用光十分重要，如图 4-75 所示。

民族特色的房屋的整体体积庞大，很难用一组巨大的人工光源予以照明，因此多采用日光。拍摄时的光照方向以 45° 左右为宜，一般是在上午 9:00—10:00 和下午 15:00—16:00，光线不宜过于强烈，以薄云遮日时为最佳，如图 4-76 所示。对于光比太大，不能正确反映明暗部的细节时，应考虑采用闪光灯或反光板补光，适当平衡反差。其他立面的影像在整组影像中作为辅助影像，可以适当放松对光照控制的要求，但是细节必须交代清楚，这是民族特色的房屋对影像的基本要求，如图 4-77 所示。

图 4-74 民族特色的房屋拍摄（一）
（摄影者李勤,2011 年,台湾,《三太子庙》）

图 4-75 民族特色的房屋拍摄（二）
（摄影者刘军,2010 年,深圳,《山屋》）

图 4-76 民族特色的房屋拍摄（三）
（摄影者李勤,2011 年,台湾,《红房》）

图 4-77 民族特色的房屋拍摄（四）
（摄影者刘安生,2008 年,西安,《古城上的爬山虎》）

拍摄民族特色的房屋不受季节变化的影响，但也存在着拍摄时机问题，应尽量在雨后或雪后的晴天里拍摄，此时的空气质量好，特别适合拍摄，照片的景深大，清晰度高。如果能以清晨或傍晚为背景拍摄具有民族特色的建筑物，其作品一定会具有艺术魅力，如图4-78所示。

正确运用自然光对拍摄民族特色的房屋很重要。不同的光线变化，对民族特色的房屋有不同的造型作用。在晴朗的日子里，如果想表现民族特色的房屋的某一侧面或某一局部细节的图案形式，可选择顺光拍摄；如果想表现民族特色的房屋呈剪影形式，最好在清晨或黄昏时拍摄，这时天空中的景色可为画面增添浓厚的气氛；阴天也是拍摄民族特色的房屋的好时机，此时的散射光没有明显的方向性，且光线柔和，有利于表现民族特色的房屋的全貌和细节，有时还可利用这种光拍出高调的作品。

拍摄前，对民族特色的房屋环绕一周察看其最佳审美角度是十分必要的。有经验的摄影师，总是刻意把拍摄位置选在他人意想不到的地方，力求创新（见图4-79）。用高角度拍摄，可以表现民族特色的房屋的高大特征，同时也可以增加画面的稳定感。用斜侧角度拍摄，有利于表现民族特色的房屋及其环境，画面立体感强。所有民族特色的房屋都有自己的独特个性，拍摄时要尽量保留其特性，同时要避免产生畸变效果。

图4-78　民族特色的房屋拍摄（五）
（摄影者刘军，2008年，安徽南屏，《雨后古城》）

图4-79　民族特色的房屋拍摄（六）
（摄影者刘军，2010年，安徽西递）

拍摄民族特色的房屋中应该注重环境因素。如果画面中只有民族特色的房屋，没有任何环境衬托，会缺少真实感，同时也会失去生活气息。巧妙地利用环境因素，不仅会美化和突出主体，而且还能起到表达情感、深化主题的作用。

民族特色的房屋街巷的拍摄，要善于在平凡的街巷中发现不平凡的特点。如江南古城的白墙、黑瓦、石板路，江南水城的小桥、石阶，北京的胡同都是某些地方独有的景观。有了典型的景观，还要有别具特色的情节，有了情节，才会使画面生动起来，才不致街巷在照片中形成"空巷""死巷"。如果把街巷的居民及他们的生活方式也摄入画面，使建筑照片和风土人情巧妙地合二为一，从而更好地突出作品的个性。

拍摄白天的街巷，也要解决光线运用问题。白天可利用的光线是日光，必须了解街巷阳光的特殊性，准确地运用，创作出既有现场感又很生活化的街巷作品。白天街巷的光线强度基本不变，这一特性有可能使景物反差过大而破坏画面的和谐，拍摄时要尽量利用周围环境的反射光来调整画面的光线强度，使画面更加和谐。白天的阳光在早、中、晚会分别形成不同的照射方向，投射到街巷里也会有投影效果的区别，如图4-80、图4-81所示。

图 4-80　民族特色的房屋拍摄（七）
（摄影者刘军，2010 年，江西婺源，《古城老道》）

图 4-81　民族特色的房屋拍摄（八）
（摄影者孔舜，2013 年，武汉大学）

4.4.2　数码单反摄影——近代建筑的拍摄

近代建筑摄影主要是为了展示近代建筑的规模、外形结构以及局部特征等，其特点是：被摄对象固定不动，允许长时间曝光。另外，还可自由选择拍摄角度，运用多种摄影手段来表现被摄对象。

（1）拍摄近代建筑时，要防止因建筑高大，镜头仰射而出现的变形现象，一般使用专业相机，镜头和胶片可作多种角度的调整。这类相机有两种：一种是镜头能上下左右移动，机身有皮腔可随镜头移动作相应调整；另一种是使用透视矫正镜头（也称离轴镜头），可沿垂直于镜头轴线的方向移动。

（2）若没有专业相机，也可使用广角镜头拍摄。广角镜头会改变透视效果，拍摄时要使镜头的轴心和地面平行，拍摄效果如图 4-82 所示。

（3）在表现建筑物的全貌时，要注意建筑物与建筑物之间的关系，如图 4-83 所示。

（4）正面角度拍摄适于表现建筑物的规模，具有对称感，但缺乏深度，如图 4-84 所示。采用斜侧角度时，可表现建筑物的深度和立体感，如图 4-85 所示。

（5）拍摄时，相机要端平居中，不可左右上下倾斜。

（6）正面光照射建筑物时，接受平均照明，光线平淡无力，使建筑物缺乏立体感。太阳光以 45° 照射建筑物时，建筑物的明暗对比鲜明，立体感强，所以一般在清晨或黄昏拍摄建筑物，拍摄效果如图 4-86、图 4-87 所示。

（7）在室内拍摄建筑物的内部装饰时，若现场光线过暗，可使用三脚架进行长时间曝光。

图 4-82　近代建筑的拍摄（一）
（摄影者李勤，2011 年，台湾，《101 大厦》）

图 4-83　近代建筑的拍摄（二）
（摄影者刘军，2010 年，武汉，《飞翔》）

图 4-84　近代建筑的拍摄(三)
(摄影者刘军,2010 年,深圳,《缤纷绚丽》)

图 4-85　近代建筑的拍摄(四)
(摄影者刘军,2010 年,深圳,《清晨美景》)

图 4-86　近代建筑的拍摄(五)
(摄影者黄德高,2012 年,武汉东湖,《红顶屋》)

图 4-87　近代建筑的拍摄(六)
(摄影者孔舜,2012 年,武汉南京路,《十字街头》)

4.4.3　数码单反摄影——老宅的拍摄

　　老宅人少、清静,非常适合摄影。在老街、老院子中穿行,房子大多破烂、矮小、阴暗、潮湿,但富有地方建筑风格,如图 4-88 至图 4-90 所示。

图 4-88　老宅的拍摄(一)
（摄影者刘军，2012 年，深圳，《古屋》）

图 4-89　老宅的拍摄(二)
（摄影者刘军，2008 年，安徽西递，《古屋办喜》）

图 4-90　老宅的拍摄(三)
（摄影者孔舜，2011 年，武汉得胜桥，《黄鹤楼边》）

4.4.4　数码单反摄影——场景的拍摄

　　所有拍摄必定会面临一定的不可预测性，这就是摄影过程中紧张感与愉悦感的所在。十全十美的影像总是可望而不可即的，而且理应如此。对于摄影师来说，挑战就在于要试着尽可能精确地预测拍摄效果，这意味着摄影师在拍摄前应该对可控制的因素进行策划。

　　对于场景摄影，理想的光线虽会出现，但时间短暂，因而摄影者要抓住这些时刻，让光线将一切按照你所希望的完美地融为一体。场景的拍摄如图 4-91 至图 4-95 所示。

　　场景拍摄时，摄影者应该全面分析光线以及它在整个拍摄场景中的分布，主要把握两点：一是光线的众多功能之一就是帮助缓和照片本身的局限性；二是拍摄时应尽可能利用光线加强照片的景深，如图 4-96 所示。

图 4-91　场景的拍摄（一）
（摄影者刘军，2010 年，深圳，《木质房》）

图 4-92　场景的拍摄（二）
（摄影者刘军，2012 年，深圳，《魔幻城堡》）

图 4-93　场景的拍摄（三）
（摄影者刘军，2010 年，深圳，《风车》）

图 4-94　场景的拍摄（四）
（摄影者刘军，2010 年，深圳，《冲破墙体》）

图 4-95　场景的拍摄（五）
（摄影者刘军，2010 年，深圳，《休息》）

图 4-96　场景的拍摄（六）
（摄影者刘军，2010 年，深圳，《工业园》）

4.5
数码单反摄影——物品

4.5.1 数码单反摄影——单体物品的拍摄

拍摄单体物品，如珠宝、金属制品、彩色玻璃、雕花木质品（见图4-97）、盘子、瓶子、洋娃娃等，对富于创造性的摄影师来说，这也是一种有趣味的工作。

图4-97 单体物品的拍摄（一）
（摄影者刘军，2008年，江西江湾，《桌脚花》）

首先，要选择一个适当的镜头。最理想的是用大口径镜头，因为它可以免去一大堆复杂的灯光照明设备，避免闪光灯单调的高反差效果，也能避免反射光造成的计算错误。一般来说，F2或F1.8的镜头，就可以拍得又快又好。使用大口径镜头拍摄时，其景深十分有限，不要使相机太接近被摄对象，否则会歪曲形象。也可以用稍慢的快门速度以便用较小的光圈拍摄，但快门速度最低不得慢于1／30秒，因为快门速度再慢就难免震动。把焦点对在被摄对象的最重要部位，其他部位可以不在焦点上。单体物品的拍摄如图4-98、图4-99所示。

如果用三脚架，最理想的是用大约焦距为135毫米的镜头，这样拍出的照片，被摄对象各部分的比例比较正常。最好把光圈调至最小，使全部被摄对象都能清晰。广角镜头在拍摄大件家具时最为理想，它可以将家具的细节部分都拍得十分清楚。广角镜头还可以提供很大的景深，甚至在近距离摄影或使用最大光圈时也同样适用。

拍摄金属制品时，对于反光强、表面的面状较明显或明暗反差大的金属作品，应以柔光和折射光为主，提高反差。拍摄首饰、钱币一类小件物品时，可以使用价钱不太贵的近摄附加镜。

拍摄工艺品时，要注意工艺品的立体感，一般多采用侧光，最好能分出顶面、侧面和正面的不同亮度，还要从明暗不同的影调和背景的衬托中表现出被摄对象的空间深度。用侧光拍摄时，光比不要太大，一般背景的色调与被摄对象和谐统一为好。也可用鲜明的对比，最好用画幅大一点的相机与大一点的底片，这样放大后工艺品的质感、细部层次、影纹色调都较好。

玻璃器皿表面光滑，易反光，在拍摄时可将灯光照射在反光面上，再反射到玻璃器皿上，也可以背景柔和的反射光作为唯一光源，表现玻璃器皿的轮廓线条和透明质感。为防止相机的影子反映在玻璃器皿上，可用一块50厘米左右的黑布（中间留有镜头的孔洞）放在相机前。拍摄橱窗里的玻璃器皿时，应从室内向室外拍，利用从室外射入的逆光，表现玻璃器皿的透明质感。拍摄农作物时，多在相机前加用近摄附加镜，以获得较大的影像。为突出农作物，可用大光圈，使背景模糊，也可采用简洁背景。拍彩色农作物的照片时，可用偏振镜压低偏光色调，以蓝天作背景。拍黑白农作物的照片时，多以蓝天作背景，如需灰色，可加黄色滤光镜；如需深灰背景，可加橙色或红色滤光镜。为表现农作物的质感，可利用自然光或灯光造成侧光、侧逆、逆光效果，同时需加以辅助灯光或反光板辅助暗处亮度，缩小光比反差。

图 4-98　单体物品的拍摄（二）
（摄影者孔舜，2013 年，武昌昙华林，《金灿灿的生活》）

图 4-99　单体物品的拍摄（三）
（摄影者刘军，2008 年，安徽西递，《古老的婴儿床》）

4.5.2　数码单反摄影——组合物品的拍摄

各种创作物品的元素组合，对于拍一幅独一无二的、精美的组合物品摄影作品来说是非常重要的。结合三分法则，应该考虑如何使作品做到各种元素的最佳组合，以确保在画面中没有能够分散注意力的元素，只有被摄对象和背景，如图 4-100 至图 4-103 所示。摄影者可以尝试着使用一些创造性思维来改变各种元素的组合来进行拍摄。例如，拍摄建筑物上面或周边的物品时，为了增加建筑物上面或周边物品的立体感，一般不采用正面光和逆光，要用斜侧角度把镜头对准建筑物上面或周边的物品最重要、最具代表性的部分，同时把侧面部分也包括进去，以表现建筑物上面或周边的物品的纵深感和立体感。拍摄建筑物上面或周边的物品要求建筑物的垂直线条与照片的边缘平行，在拍摄时相机必须握正，若建筑物很高大，可把相机移远一点，并适当提高拍摄角度，但不宜过分仰拍。

图 4-100　组合物品的拍摄（一）
（摄影者孔舜，2013 年，武昌昙华林，《腊鱼腊肉》）

图 4-101　组合物品的拍摄（二）
（摄影者孔舜，2013 年，汉口泰兴里，《虚与实》）

图 4-102　组合物品的拍摄（三）
（摄影者孔舜，2013 年，汉口前进四路，《严阵以待》）

图 4-103　组合物品的拍摄（四）
（摄影者刘军，2008 年，江西婺源，《溪中竹筏》）

4.5.3　数码单反摄影——以景烘托物品的拍摄

　　选择一个好的背景对创作一件成功的摄影作品起着非常重要的作用。选择的背景最好能够简单且漂亮，这样不会对被摄对象产生很大的影响。一面素色的墙或一张大的白纸都是比较不错的背景。摄影者需要仔细考虑一下：如果选择背景来衬托被摄对象，是要中性的背景呢，还是需要和被摄对象相匹配色调的背景？对于一些比较小的被摄对象，有可能不用背景，可以使用一个衬底来代替，例如，黑色的天鹅绒会是不错的选择，因为它能够吸收光线，使衬底看起来是纯黑色的。

　　色调是表达情绪的主角，以景烘托物品的拍摄常从道具、色彩的选择，灯光的布置，背景的取舍去营造不同的色调，表达不同的情绪。有时在一个色调中加一点对比强烈的色调，犹如柔和的乐曲中插入一句悦耳的高音，特别提神，以景烘托物品的拍摄中也常采用这种手法来表现被摄对象。

第五章

数码单反摄影——风光拍摄

SHUMA DANFAN SHEYING —— FENGGUANG PAISHE

5.1
数码单反摄影的发展

5.1.1 数码单反摄影——日出日落

日出或日落时，地平线上的天空常常会有一些逆光的云彩，可等到云彩没有光芒散射时拍摄日出或日落的景色，这样，不但可避免太阳散射所导致的底片上产生光晕，还可避免景物的天空部分过于单调,如图 5-1 所示。

日出或日落时，天空没有云彩也是常有的现象。为了避免天空过于单调，可利用一些较为稀疏的树叶、枝干作为空旷的天空部分的前景，这样可使画面结构更均衡，如图 5-2 所示，但枝叶过多或过重，会遮盖大部分天空而影响画面的均衡。

如果要从照片上来区别日出或日落，应当通过景物和色调去区别，因为早晨地平线的天空一般都比较清朗，太阳上升时会很快地散射光芒。黄昏地平线的天空一般都较为混浊，太阳离地平线尚远时就没有散射的光芒了。从色调来区别，早晨天空色调偏红带黄，而黄昏天空色调带品红。

因此，拍摄日出时，太阳刚升上地平线就应该立即拍摄，不能错过。拍摄日落就可以从太阳没有光芒散射时开始，直到将沉入地平线时为止，都可以从容不迫地进行拍摄。拍摄日出和日落的最佳季节是春秋两季，这两季比夏天的日出晚、日落早，对拍摄有利，且春秋两季的云层较多，可增加拍摄的效果。

拍摄日出和日落可以巧妙利用倒影，拍摄水面倒影会使日出和日落的照片增色，平静的海面或湖面能反映天空中的景物，如图 5-3、图 5-4 所示，呈现出如镜中一样的影像，而拂过水面的微风总是会扰动这种倒影。在水面上留下一条更加耀眼的光线，并从地平线到画面的前景之间勾画出一条光路。当太阳渐渐下落时，这条光路会延伸到你的眼前。在拍摄日落时加深晚霞的色彩，摄影者经常会看到很多晚霞照片的效果都是红彤彤一片。其实想要达到这种夸张的效果，一种方法是使用滤镜，另一种方法就是把相机的白平衡设成阴天模式，这样就可以进一步加深晚霞的色彩了。

图 5-1 日出的拍摄(一)
（摄影者刘军,2011 年,武汉,《日照湖岸》）

图 5-2 日落的拍摄（一）
（摄影者黄德高,2012 年,武汉东湖,《日落湖畔》）

图 5-3　日出的拍摄(二)
(摄影者刘安生，2011 年，南京，《金光大道》)

图 5-4　日落的拍摄(二)
(摄影者黄德高，2012 年，武汉东湖，《水中日落》)

5.1.2　数码单反摄影——夜之魅

　　白天拍摄常受天气影响，在阴雨天的白天拍摄常需考虑许多问题，如色温、反差等，而阴雨天对夜间拍摄却没有什么影响，且雨天是夜间拍摄的好时机。拍摄夜景主要是指夜晚户外灯光或自然光下的景物，拍摄时以灯光、火光、月光、霓虹灯、街道上穿梭汽车的灯光等为主要光源。以下是几种体现夜之魅力的拍摄方法。

　　第一，都市灯海的拍摄。若以平均式测光，记得一定要加一两格，否则将只留下光点，不怕曝光太多，只怕曝光过少。取景范围不要太大，不然画面会过于杂乱，如图 5-5 所示。

　　第二，娱乐场所热闹景象的拍摄。拍摄前多构思，以免落于俗套，要善用多重曝光与加减光技巧，避免反差过大，如图 5-6 所示。娱乐场所热闹景象多为近景拍摄，光圈尽量开小，可至 f16，人多车多干扰多时，宁可不拍。

图 5-5　夜之魅的拍摄(一)
(摄影者李勤，2011 年，台湾，《都市灯海》)

图 5-6　夜之魅的拍摄(二)
(摄影者刘军，2010 年，深圳，《欢乐之夜》)

　　第三，都市夜景（见图 5-7）的拍摄。当夜幕低垂后，都市就展现出一幅人工风貌，这种都会风情是由霓虹灯、路灯与高楼大厦中家家户户的灯光构成的。此时镜头所要捕捉的对象包含：人工光源下的都会景观，以及光源本身表现出来的独特造型与色彩。

　　都市夜景，除了在地面上拍摄外，还可站在高处拍摄。由于夜间拍摄，人工建筑结构往往只见灯饰造型，而建筑结构本身几乎看不见，为求建筑结构与灯饰造型兼得，可同物不同时重复曝光，即在黄昏建筑结构仍可见时曝光一次，不移动相机，待夜间灯光打开时再重复曝光一次，注意第一次曝光时的曝光量需比正常的曝光量减两格左右。同理，此法在黎明时也可运用。

第四，烟火的拍摄。拍摄烟火一定要使用 B 快门与快门线。同一张底片烟火不要太多，若画面包含地面景物，则可能要配合加减光技巧使地面景物显现，拍摄效果如图 5-8 所示。一般而言，烟火照片多用来与其他景物照片叠放成一张，以便增加照片特色。至于光圈的使用如下：100 度软片，近距离拍摄使用 f11（对于某些高亮度烟火需用 f16），中远距离拍摄则使用 f8 或 f5.6。

第五，大自然夜景的拍摄。这里的大自然夜景是指没有人工光源直接照射的世界，因此光线的来源有两个：一个是月光，另一个是云层反射远处的人造光线。通常，散射光所占比例大，画面受光分布均匀，但由于光线微弱，往往无法直接测光，就算测得出来也有很大的误差，所以曝光量几乎都靠经验。另外，野外雾气重，要注意保温，让相机温度渐渐与外界调和，以免镜头水蒸气凝结，拍摄时机以黎明前最好。

第六，夜里雨景、水景（见图 5-9）的拍摄。夜里雨景、水景有其独特的情调，雨景、水景是人们生活中必有的情景，为了反映更多的生活情景，丰富风光摄影的内容，雨景、水景也是一种不可缺少的拍摄题材。

拍摄雨景时，为了在照片上表现雨景中的雨条，除了选择大雨外，还必须要有较深色调的背景作为衬托才行。

图 5-7　夜之魅的拍摄（三）（摄影者孔舜，2008 年，武汉，《街道掠影》）

图 5-8　夜之魅的拍摄（四）　　　　　　　图 5-9　夜之魅的拍摄（五）
（摄影者黄德高，2013 年，武汉，《烟花魅》）　（摄影者黄德高，2011 年，武汉，《湖上光影》）

如果雨中景物的背景是布满白色浓密云层的天空，那么雨即使下得非常大，也会因背景与雨条同是白色而不能显现。背景越近，景物场面越小，雨条越易显现；背景越远，景物场面越大，雨条越不易清楚显现。因此，拍摄雨景所取的景物范围不宜过大，更要避免白色的天空占据大部分画面而影响景物场景中的雨条的表现。下雨时，景物的光亮度一般是比较弱的，因此，拍摄雨景时，一般都要用较大的光圈及较慢的快门速度，这样才能使雨景有足够的感光。为了突显景物空间中还没有落地的雨条和掌握雨的动态，摄影师应站在较高的位置拍摄。一般用1/60秒的快门速度拍摄雨景，就能显现出景物空间中还没落地的雨条。使用较快的快门速度可抓拍到较短的雨条，使用较慢的快门速度能抓拍到较长的雨条。在小雨天气下拍摄景物，因小雨在景物中不易显现，故不能表现出雨条。但是，在拍摄深色调的树林或群山时，由于景物中没有阳光照射而尽是深色的被摄对象，毛毛细雨在深色的被摄对象间就会如雾一样，显现出远浅近深的色调。如果取景范围不很大，以近处被摄对象的明度作为曝光基调，也能在景物中表现出如雨如雾的烟雨情景。

雨时或雨后是拍摄夜景不可多得的时机，除了空气清新外，地面上的反光可增进情趣，如霓虹灯在水泥地上的反光，变化多端，能使画面充满想象空间。

第七，古香古色建筑的拍摄。室外微光摄影时，最好使用局部测光，为了表现气氛，有时可局部曝光。古香古色建筑的拍摄效果如图5-10至图5-15所示。闪光灯若使用得当，可使被摄主体更具说明性。多注意光源色温问题，如钨丝灯呈黄色、日光灯呈绿色、钠汽灯呈更深的黄色、水银灯则呈蓝绿色等，若当时色温非所需要的，可以用滤镜调整。

第八，星迹与月亮的拍摄。星迹的拍摄，应选择晴朗无月的天空，以美丽的前景或剪影配合，将光圈全开，才能摄入亮度较小的星星。星星约每4分钟相对于地球北极或南极移动一度，可视所需弧长决定曝光时间。对于月亮的拍摄，若希望保留月面的细节，曝光量应随着月亮的圆缺与位置的不同而进行改变。满月且位于中天时，对于100度软片，光圈使用f8～f11，快门速度为1/250秒；但月亮刚升起或即将落下时，快门速度应降到1/15秒；此外，拍摄弦月应增加曝光量。注意快门速度不要太慢，否则月亮的移动会破坏拍摄的清晰度。至于月食的拍摄，可利用重复曝光，展现月食的过程。其中，曝光时间间隔起码在5分钟以上，以免月亮影像重叠。

第九，夜里灯光的拍摄。拍摄夜里灯光要掌握光线的运用。光线是一种工具，能否运用自如，重点在于摄影者的想象力。摄影者必须学会观察光线及其效果，不论在什么光线的情况下，尽可能地变换拍摄效果，只要脚步移位，光线就有不同的变化，夜里灯光的拍摄效果如图5-16、图5-17所示。

图5-10 古香古色建筑的拍摄（一）
（摄影者黄德高，2012年，武汉，《大红灯笼高高挂》）

图5-11 古香古色建筑的拍摄（二）
（摄影者黄德高，2013年，云南，《屋金》）

图 5-12　古香古色建筑的拍摄（三）
（摄影者黄德高，2013 年，云南，《水车》）

图 5-13　古香古色建筑的拍摄（四）
（摄影者黄德高，2013 年，云南，《夜中亭桥》）

图 5-14　古香古色建筑的拍摄（五）
（摄影者黄德高，2013 年，云南，《灯笼街》）

图 5-15　古香古色建筑的拍摄（六）
（摄影者黄德高，2011 年，武汉琴台，《卷曲灯》）

图 5-16　夜里灯光的拍摄（一）
（摄影者刘军，2012 年，武汉，《夜幕降临朦胧的路灯》）

图 5-17　夜里灯光的拍摄（二）
（摄影者刘军，2013 年，武汉，《凌晨三点的街灯》）

5.1.3　数码单反摄影——日景风光

在日景风光拍摄中，摄影的手法可归纳为四个字：知、观、表、现（即知其时、观其势、表其质、现其伟）。

1. 知其时

"时"从意义来说有广义的和狭义的分别。从广义来讲，"时"是指季节性的春、夏、秋、冬。把大自然装点得多姿多彩的花草树木，它们的孕育、茁长、枯落，无不随着季节气候的变迁而变化。因此，同一地点的风光景物，在不同的季节有不同的景色特点，且跟随着季节气候转移而呈现着各种不同的姿态，变幻莫测。日景风光的拍摄效果如图 5-18 至图 5-20 所示。从狭义来讲，"时"是一天里从早晨到黄昏，甚至到晚上。光源是影响摄影的主要因素，而拍摄大自然风光所靠的光源是太阳光，因此摄影者要恰当利用太阳光。摄影者要对季节性太阳光的方向来源和可能投射到的位置进行了解，一般太阳的东升西落都是随季节而移动的，因此，太阳光的改变也直接影响了拍摄画面的效果。

图 5-18　日景风光的拍摄（一）
（摄影者黄德高，2012 年，武汉东湖，《荷花池》）

图 5-19　日景风光的拍摄（二）
（摄影者黄德高，2012 年，武汉，《初冬的阳光》）

图 5-20　日景风光的拍摄（三）
（摄影者李勤，2011 年，云南，《冬季红墙枯枝》）

2. 观其势

观其势，是指观察拍摄景物的整个环境和形势。当摄影者处在大自然的怀抱中时，满眼都是景物，该如何取舍、如何选择采集的位置及最佳角度等都不是随意能够做出决定的。为此，摄影者必须仔细观察并结合自己积累的经验，选取最为理想的角度去拍摄景物，随后再加以剪裁处理。因此，选景与拍摄是一项相当细致的工作。观其势的日景风光的拍摄效果如图 5-21、图 5-22 所示。

3. 表其质

万物都有其独特的本质。在拍摄大自然风景时，摄影者要深刻认识万物的本质，使其有效地重现于画面中、照片中。表其质的日景风光的拍摄效果如图 5-23 所示。

4. 现其伟

拍摄崇山峻岭、参天乔木等，可运用广角镜头去表达"伟"的章法，也可用衬托对比法去表达"伟"的章法。而"伟"的另一种意义，可以引申为美，把景色最美之处给予突出，亦属于现其伟的范畴。拍摄风光照片的关键是在于抓住景物的特点和气质。现其伟的日景风光的拍摄效果如图 5-24 所示。

图 5-21 日景风光的拍摄（四）
（摄影者刘一儒，2012 年，武汉，《工业小城》）

图 5-22 日景风光的拍摄（五）
（摄影者黄德高，2012 年，武汉木兰草原，《溜骆驼》）

图 5-23 日景风光的拍摄（六）
（摄影者刘安生，2012 年，武汉东湖，《垂钓者》）

图 5-24 日景风光的拍摄（七）
（摄影者黄德高，2012 年，武汉东湖梨园，《恐龙大道》）

在日景风光拍摄中，拍摄蓝天有以下几种方法。

（1）注意光线的运用。蓝天的形成是有规律的，顺光天空最蓝，侧光次之，逆光则为白色，所以取顺光角度拍摄的蓝天的颜色饱和度相当高，尤其是摄影者头顶上方的天空颜色特别饱和鲜艳。在摄影实践中注意角度，一般就能拍到比较鲜艳的蓝天，拍摄效果如图 5-25 所示。

（2）利用偏光镜。偏光镜又称偏振镜，在侧光位置使用它，旋转到一定角度可消除偏振光，从而提高蓝色的饱和度，在逆光或顺光时没有多大意义。不过使用偏光镜时，最好选择质量较高的偏光镜，以免影响成像质量。此外，加上偏光镜后一般要增加 1～2 挡曝光补偿，在没有三脚架时采用长焦镜头等拍摄时不宜采用过慢的快门速度，以免相机抖动影响成像质量。

（3）选择合适的天气。其实蓝天的颜色与天空澄净度有密切关系，之所以农村山区等地的蓝天饱和度特别好，与当地的环境相关，如图 5-26 所示。目前在大城市拍摄，如选择雨后拍摄，天空的颜色将格外令人满意。

（4）运用对比手段。从艺术表现角度而言，借助对比手段也可增加蓝天的魅力。比如，在大面积的蓝天中增加一些黄色的树叶或建筑等，由于补色作用，能将蓝天烘托得更加醒目更富有视觉冲击力。

（5）注意曝光控制。准确曝光能得到理想的色彩还原，但在特定情况下需要增加蓝天色彩时，可适当减少曝光量。比如，在使用数码单反相机时，适当减少 1/3～1/2 挡曝光量，蓝天的色彩将更加浓郁。当然，在具体实施时要仔细考虑，如果画面中被摄主体会受到明显影响，则不宜顾此失彼。

图 5-25　日景风光的拍摄（八）
（摄影者黄德高，2012 年，武汉东湖梨园，《艳阳下的船只》）

图 5-26　日景风光的拍摄（九）
（摄影者黄德高，2013 年，云南，《透亮天景》）

5.2
数码单反摄影——山和水的拍摄

5.2.1　数码单反摄影——山石景

在数码单反摄影中，拍摄幽谷山川要注意以下几点。

（1）举机的位置。拍摄位置的选择应有讲究，一般来说，站在山谷底下或在山腰仰拍山峰，往往是看不到山顶的，或者由于透视的原因，原先峻峭的山峰很难显得峻峭，加之人们对这个视角拍摄的照片已没有新颖感觉，很难获得好作品；如果登上邻近山坡与被拍山峰同高度拍摄，可看到整座山的雄伟气势，画面上重峦叠嶂，显得有层次；当站在峰巅向下俯拍，又有"一览众山小"的视觉效果。拥有理想位置，需要付出一定的体力和时间代价。山和水的拍摄效果如图 5-27 至图 5-29 所示。

（2）画幅的形式。横拍、竖拍各有所长，应根据场景及表达意图来决定。横幅画面开阔的视野可以展现山脉的延伸、广袤，很好地表现山势的连绵起伏，如图 5-30 所示；竖幅画面易于表现山峰的高大和险峻，从而加强纵深感，一般来说，采用比较多的是竖拍方式，如图5-31 所示。

图 5-27　山和水的拍摄(一)
(摄影者黄德高,2011 年,随州桃源湖,《俯瞰山河》)

图 5-28　山和水的拍摄(二)
(摄影者黄德高,2013 年,云南,《水影雪山》)

图 5-29　山和水的拍摄(三)
(摄影者李勤,2011 年,台湾,《海边奇石》)

图 5-30　山的拍摄(一)
(摄影者黄绍冬,2013 年,桂林,《美丽山河》)

图 5-31　山的拍摄(二)
(摄影者黄德高,2008 年,湖北麻城龟峰山,《山路》)

　　(3) 光线的利用。采用顺光拍摄山石,画面效果明亮,色彩还原充分,但山石的立体感较差。视觉效果较好的是采用侧光拍摄,侧光可以描绘出山石的线条,展现山石的层次,画面更具立体感,并有色调的明暗对比。逆光下的山石大部分处于阴影中,会形成强烈的轮廓光。山石的拍摄效果如图 5-32、图 5-33 所示。为防止曝光不足可采用手动曝光,只是要注意被摄主体及细节的表现,恰当的曝光和清晰的细节刻画会使整幅画面添彩,具有表现力的光线是日出日落时段的阳光,色调变化丰富,面对变化很快的光线,摄影者应抓紧时间拍摄。

（4）镜头的选择。广角镜头和长焦镜头都是需要的，这样无论拍远处耸立的山峰或拍邻近的峻岩峡谷，都能应对自如。因为山脉之间距离较远，相对于短焦广角镜头，使用中长焦镜头拍摄可以缩短与被摄主体之间距离的视觉效果，使被摄主体不至于松散。山石的拍摄效果如图 5-34、图 5-35 所示。有人担心长焦镜头的景深不够，限制前后清晰范围。其实，景深的大小不完全取决于焦距长短，还与拍摄距离远近、光圈大小有关。比如，使用较小光圈、远距离拍摄山石重峦叠嶂场景，不用担心景深问题。

（5）背景的处理。拍摄山石景物有两种方法：一种是以天空作为背景，但天空所占比例不可过大，否则会显得十分单调，且显现不出山石的恢宏气势，不过加用灰色渐变镜可以平衡景物与天空过大的反差，如果有云朵则情况不同，应注意处理好云和山峦、树木、建筑等景物的关系，拍摄时按云的亮度测光，必要时使用偏光镜，将天空过滤得更为湛蓝，云朵更为突出；另一种是以远处浅淡的山影作为背景，在色调和影调上与被摄主体区分出浓淡和轻重来，要防止深色的树林、岩石等主次不分、前后相叠、层次缺失等情况。

图 5-32　山石的拍摄（一）
（摄影者黄德高，2013 年，云南，《石林亭》）

图 5-33　山石的拍摄（二）
（摄影者黄德高，2013 年，云南，《石中郁金香》）

图 5-34　山水的拍摄（一）
（摄影者李勤，2011 年，台湾，《海边岩石洞》）

图 5-35　山水的拍摄（二）
（摄影者孔舜，2012 年，宜昌三峡，《待嫁姑娘》）

5.2.2　数码单反摄影——水景

用数码单反拍摄水景时，由于水的颜色变化万千，所以，摄影者为了取得好的拍摄效果就必须对水的颜色进行仔细观察。水经常处于运动之中，无论是水的颜色还是水的色调都是不断变化的。水波和降落中的雨水之所以不像平静的水面那样易于研究，是因为水的颜色和色调变化得太快，以致肉眼难于捕捉。以下是六种体现不同水景的拍摄方法。

1. 雨的拍摄

雨天拍摄容易获得雅致朦胧的效果，因为雨水的反光，使远处景物明亮而影像朦胧，画面的景物，色调浓淡有致，别有一番风味。雨的拍摄效果如图 5-36 所示。

图 5-36　雨的拍摄(摄影者刘军,2012 年,武汉,《车中观雨景》)

拍摄雨景时，为了在照片上表现雨条，除了拍摄时选择大雨天外，还必须要有较深色调的背景作为衬托才行。拍摄雨水时使用的快门速度不可太快，因为太快的快门速度会把雨水凝住，形成一个个小点，而没有雨水的感觉；如果使用的快门速度太慢时，雨水会拉成长条，效果也不好；一般使用 1/30 秒到 1/60 秒的快门速度为宜，这样可以强调雨水降落时的动感。

2. 水滴的拍摄

水滴是美丽的自然物，水滴并不永远呈球状，摄影者可用微距镜头或其他近摄设备设法捕捉水滴在各种形式下的影像。雨滴的拍摄效果如图 5-37、图 5-38 所示。水滴往往起棱镜的作用，使阳光的光束分解成为按次序连续分布的彩色光谱，摄影者可用紫外线滤镜或天光镜保护镜头来拍摄这种现象。为了捕捉水滴的棱镜效应，相机必须总是面向太阳光，使水滴处于逆光照射之下。摄影者通过镜头（或者不用镜头）注视水滴，假如看不到草上的水珠闪出彩色光谱，就要把镜头向下倾斜，使与地面大体上成直角，然后再去观察。这样可以把镜头的光圈开到最大，并聚焦于一个固定距离（根据摄影者所用的特写设备，可定在 10～30 厘米)。摄影者常会发现焦点外的水珠显出的彩色光谱效应最为清晰明显。利用这种效应可以把色彩完全抽象化，也可以聚焦于一片草叶的尖端，而把彩色光谱图案作为一个戏剧性的背景。

图 5-37　雨滴的拍摄（一）　　　　　　图 5-38　雨滴的拍摄（二）
（摄影者黄德高，2012 年，武汉，《桃花上的雨滴》）　　（摄影者黄德高，2012 年，武汉，《枝头雨滴》）

　　注意，除非水珠所占的画面空间非常大，否则是不会影响测光表的读数的。所以，摄影者必须注意水珠与背景之间在亮度上存在的差异，如果背景很暗，就要减少曝光，以保持背景的暗调并防止水滴的轮廓模糊。通常在多云时拍摄水珠的特写，摄影者才需要完全按照测光表行事。在这种情况下，虽然水珠和背景的色调（亮度）几乎相等，但是影像的颜色对比能保证在视觉上把二者区分开来，并使水珠鲜明地表现出来。如果没有颜色的对比，可以用下述方法达到区分的目的：①聚焦于水珠本身，使用尽可能小的景深；②使背景虚化。

　　3. 大片水面的拍摄

　　大片水面的拍摄效果如图 5-39 至图 5-41 所示。对于大片水面，我们大多数人所观察和拍摄的都是湖、河、海的表面，所以，摄影者对于水面的质感所提供的信息，以及所唤起的气氛都必须认真考虑。以波峰和波谷为标志的十分粗糙的质感来表现波涛的汹涌澎湃；中等粗糙的水面质感能引起警觉；而微波粼粼能使人镇定安静，因

图 5-39　大片水面的拍摄（一）（摄影者黄德高，2010 年，武汉，《水中树影》）

图 5-40　大片水面的拍摄（二）
（摄影者刘军，2008 年，安徽宏村，《池塘影像》）

图 5-41　大片水面的拍摄（三）
（摄影者黄德高，2012 年，蔡甸索河，《枯荷湖船只》）

为它们意味着温驯和善；平静的水面则能引起一种和平安全之感，如图 5-42 所示。拍摄水面的宁静是比较容易的，而表现水面的汹涌和粗糙却需要有良好的判断力。为表现水浪惊涛拍岸的雄姿而选择适当的拍摄速度，这只不过是判断力的一部分，而绝非全部。哪怕水面布满白色的浪花，摄影者依然有办法把它拍成风暴席卷的黑黝黝的大海。

滔天巨浪使人联想到粗野之力。如果摄影者想表现这种景象，就要选用较快的快门速度，专等那巨浪击石、水溅于空的一刹那，或者摄影者可以稍稍提前一点按下快门，使巨浪悬于岩石之上——这一未完成的动作会使人联想到即将发生的撞击。但是，如果用一种很慢的快门速度，使巨浪在曝光期内移过整个画面空间，便会产生一种更强烈的动感，尽管这在表现纯粹的威力方面不如前者有力。如果摄影者把上述任一个影像的曝光量减少，就能表现那天水混沌中，狂暴盛怒的惊涛骇浪。

宁静的水面提供了拍摄涟漪图案的机会，这种图案在日出或日落时特别动人，摄影者要用各种快门速度进行试验，较快的快门速度能把图案固定下来，若光线很弱，为使微波的曝光得当就要牺牲景深，那么摄影者就得把光圈开得相当大。较慢的快门速度会使图案有些模糊，但仍会有动人的效果。日出之前或日落之后，对涟漪所做的定时曝光会是十分美丽的，如图 5-43 所示。当水面仍然泛出暖色的时候，使用最大景深（f/16 或 f/22），以便能长时间曝光（30 秒）。在定时曝光期内，虽然很多涟漪会横流穿过画面，但是它们的浪尖大体上出现在同一个位置上，所以长时间的定时曝光看起来很像使用快速曝光拍成的照片一样。为使拍摄的水景有特殊效果，通常的方法是采用高速快门，比如 1/1 000 秒以上来凝结运动的水，如海浪等，拍摄效果如图 5-44 所示。

图 5-42　大片水面的拍摄（四）
（摄影者刘军，2012 年，武汉解放公园，《平静的水面》）

图 5-43　大片水面的拍摄（五）
（摄影者黄德高，2012 年，武汉木兰天池，《微波粼粼》）

图 5-44　大片水面的拍摄(六)
(摄影者黄德高,2013 年,云南,《天水一游》)

4. 瀑布的拍摄

一切以流水为内容的照片表现的都是人们的印象，因此，为拍摄瀑布而选用的技术措施应取决于摄影者预期想表现的效果。摄影者或许想拍摄全景以表现瀑布总的外观：如果瀑布既不高也不是很陡峭，可使用较慢的快门速度（如 1/2 秒、1/4 秒或 1/8 秒），使瀑布显得缓缓而下；如果瀑布湍急奔腾，从很高的地方直泻而下，则用较快的快门速度（如 1/500 秒），这样可以更充分地表现大瀑布的雷霆万钧之势。瀑布的拍摄效果如图 5-45、图 5-46 所示。

图 5-45　瀑布的拍摄(一)
(摄影者孔舜,2012 年,宜昌三峡,《乳汁瀑布》)

图 5-46　瀑布的拍摄(二)
(摄影者刘安生,2011 年,南京,《短瀑》)

一般拍摄水景时，不能曝光不足，因为自然界的水源常常受到天空的映衬，有强烈的反光，宛如一个巨大的发光体一般。拍摄水景时如仅依靠相机的测光指示来处理曝光量，常常会出现曝光不足，这是因为天空与一般景物的亮度相差非常大。拍摄具有天空反光的水景时，至少需按照相机测光指示再加两挡左右的曝光量。拍摄波光舟影的画面要讲究用光，根据画面中的明暗关系来突出被摄主体。

5. 云雾缥缈的水景拍摄

使用较慢的快门速度可以获得画面中流水虚幻迷茫的效果，如图5-47所示。这种方法拍摄的照片艺术特点非常鲜明，流水常呈现出宛如云霞的缥缈感。注意，要反映出流水的运动感，需要根据流水的速度缓急来选择快门速度，水流的速度快，应选较快的快门速度；水流的速度慢，可选择较慢的快门速度。在选择较慢的快门时，最好使用三脚架来稳住相机，以免晃动相机影响画面的清晰度。

6. 水花四溅的水景拍摄

为使拍摄的水景有特殊效果要采用较快的快门速度（比如1/1 000秒以上）来凝结运动的水，如喷泉等。取景合适、曝光得当的话，可能获得喷珠溅玉般的效果，在一些表现喷泉的摄影作品中常可以看到类似手法，拍摄效果如图5-48所示。

图5-47 云雾缥缈的水景拍摄（摄影者李勤，2010年，上海世博会，《地面喷泉》）

图5-48 水花四溅的水景拍摄（摄影者刘军，2012年，深圳，《喷泉的水珠》）

5.3
数码单反摄影——云雾雪景

5.3.1 数码单反摄影——云景

在风景摄影中，云景是很重要的一部分，很多时候云景是构图的主要部分，云景的拍摄效果如图5-49所示。自然界的很多自然现象的美就足以让人震撼，透过薄云照射的阳光犹如一面巨大的漫射柔光镜，它能使照片的阴暗部位之间起到渐变的作用，这种光线相当强，它是一种能够产生和突出被摄对象阴影部分的质地，或是作为一种人像摄影方面的造型光。夏季的天空多变幻或是秋季的天高气爽，总有好看的云彩出现，如果是随手拍摄天上的云，相机的设置很容易，使用自动挡就能拍摄；如果拍摄绵绵的云流（见图5-50）或是拍摄环境比较特殊的环境，如明暗光比过大，就一定要对相机各项功能参数有熟悉的了解才能应变自如，才能有较高的拍摄成功率。

图5-49 薄云
（摄影者黄德高，2013年，云南，《七彩薄云》）

图5-50 绵绵的云流
（摄影者李勤，2011年，云南，《天空中的绵绵云》）

拍摄日出日落时也可巧妙利用云层，云在拍摄中是自然的反光物体，它能传播红光，从而使画面不断变化，拍摄效果如图5-51所示。拍摄日出日落时要注意观察云遮住太阳时所出现的情况，光线会从云后散射出现从而使照片有着极为动人的效果，拍摄效果如图5-52所示。当太阳接近云层的边缘时，出现一条亮边的景色也是非常适合拍摄的，要注意观察，当太阳逐渐从这个亮边中间出现时，要抓拍。

云彩也可作为拍摄的主要题材。拍摄云彩时，所选择的曝光量取决于摄影师所期望的效果，如图5-53所示。如果天空晦暗，可先用测光表取一个读数，然后调整光圈，才能使天空保持晦暗感。如果决定最大限度地减少曝光，那就要在构图中出现显著的强光区，要是逆光照明的水面，效果就会更好，这将与黑暗的天空形成足够的反差，以避免拍出的影像显得曝光不足。还有，偏光镜也可以用来拍摄天空发暗并使白色云朵戏剧性地凸现出来，如果能选好拍摄角度，效果则更好，如图5-54所示。在日落以后、天黑之前，可对云彩做定时曝光，以显示风的运动，如图5-55所示，其拍摄效果不仅是对风中暮色的优秀纪实之作，又是动人的写意之作。

图 5-51　日出云层的拍摄（一）
（摄影者刘军，2011 年，武汉，《拨开云雾见青天》）

图 5-52　日落云层的拍摄（二）
（摄影者刘军，2013 年，武汉，《傍晚云霞》）

图 5-53　云彩的拍摄（一）
（摄影者黄德高，2007 年，北海，《火烧云》）

图 5-54　云彩的拍摄（二）
（摄影者黄德高，2013 年，云南，《龙卷云》）

图 5-55　云彩的拍摄（三）
（摄影者黄德高，2013 年，云南，《极光云》）

5.3.2　数码单反摄影——雾景

　　拍摄雾景时，摄影者应选择外形轮廓线条好的景物作为被摄主体，被摄主体一般以不超过画面面积的 1/4 为好，这样就可以用大面积的浅色调来突出小面积深色调的被摄主体，形成强烈的明暗对比，有利于对雾的表现和增加画面的空间感和纵深透视感，如图 5-56 所示。在山区拍摄雾景时，取景构图要注意山上的雾瞬息多变的特点。山上的雾往往随着山风时而升高、时而降低、时厚时薄，雾中的景物也会随着雾的变化而时浓、时淡、时隐、时现,所以,摄影者在山区可以拍摄出比平地更具动感的离奇雾景照片。

在薄雾下拍摄的照片,它给人以变幻莫测的梦幻般的感觉,能产生出截然不同的效果。远景的雾可以柔和风景照片的背景部分,但同时又能使照片的前景部位显得更为引人注目,从而使前景部位的被摄主体同背景明显地分开,如图 5-56 所示。

悬挂在雾气中的轮船、漂浮在池塘上的睡莲可以构成一幅非常令人能产生共鸣的画面。像雪一样,雾气也可以欺骗摄影者的测光表和闪光灯,有些雾气可能是完美的中间灰色调,有些却有可能近乎白色,如图 5-57 所示。在浓雾环境下,相机的闪光灯光可能被水体颗粒反射掉,而无法到达拍摄主体,就像汽车大灯有时只会照亮雾气而无法照明道路的情况一样。如果雾气太浓,可用干净的塑料袋简单地包裹好相机,并留意凝结在镜头上的雾气。当外面雾气茫茫时,摄影者不要被其暗淡的光线吓跑,因为弥漫的光线对于拍摄某些情绪类型的照片非常理想。

图 5-56 雾景的拍摄(一)
(摄影者黄德高,2012 年,湖北红安天台山,《雾凇》)

图 5-57 雾景的拍摄(二)
(摄影者黄德高,2012 年,武汉东湖,《雾绕林中》)

5.3.3 数码单反摄影——雪景

冰雪,像沙滩一样,明亮的白色很容易曝光不足,因为测光表中只有大于 18% 灰度才能显示读数。最容易的曝光补偿方式是从灰卡或中间色调的景色中获取读数,确保它是在被摄主体同样的光线下且测光表不是从明亮的背景上获取读数,如果是重要拍摄,就采用包围曝光。雪景的拍摄效果如图 5-58 至图 5-61 所示。

图 5-58 雪景的拍摄(一)
(摄影者刘军,2012 年,武汉,《雪椅》)

图 5-59 雪景的拍摄(二)
(摄影者刘军,2012 年,武汉,《雪景车道》)

图 5-60　雪景的拍摄(三)
(摄影者黄绍冬,2006 年,武汉,《雪压白梅》)

图 5-61　雪景的拍摄(四)
(摄影者刘军,2012 年,武汉,《小木林的雪》)

以下是几种雪景的拍摄方法。

1.雪的拍摄

不管光源的强度如何,通常都把雪看作比中灰调更亮一些,在设计这类反射光的测光表时,中灰调正是测光表指示的基准亮度（相机内装的所有测光表都属于这种类型)。所以,如果把相机拨到"自动测光"上或者完全按照测光表上的读数,拍摄的雪的颜色就是中灰的。为了使照片中的雪呈白色,测光表只能作为参考,用彩色胶卷时,要增加曝光大约一级。这里说的"大约",是因为拍摄条件各不相同。例如:如果雪是被明亮的前光照明的,那么,再比一级更多,就会完全消除质感;如果是日落时深红色的雪,把曝光量加得太多就会"洗掉"颜色。一般说来,照片上的雪的颜色越白,需要增加的曝光量就要越多。雪的颜色越不白或者雪的颜色越丰富,需要增加的曝光量就越少。如果雪量不大就完全不需要增加曝光量。摄影者要学会评价构图中存在的大片亮区,这样才能恰当地判断它们对曝光量的影响,通过一些试验,在成功和失误中学到更多的东西。

2.落雪的拍摄

雪花片片从天而降,融化后又冻结成冰。雪花有时像玉片一样坚实,有时又像羽毛一样轻柔,其变化是无穷无尽的,无论哪种变化都能触及我们的心灵,给我们以深沉的影响。这种冬日气氛的每个侧面都值得去拍摄,但在拍摄难度上恐怕要算暴风雪的场面了。

拍摄落雪时,摄影者可以使用闪光装置,也可以不用。如果使用闪光装置,特别是在薄暮时分,背景发黑时,片片雪花都会清晰而突出,这样拍出的雪花给人的印象是刹那间运动停止下来了,暴风雪和世界都凝固不动了。然而,摄影者可能宁愿去表现雪的运动状态,因为暴风雪是怒号狂舞、倾泻而下的。为此,摄影者也许不使用闪光装置,而选用较慢的快门速度（根据风吹雪花的速度大小而选用快门速度为 1/60 ~ 1/15 秒),这样一来,雪片就会模糊不清。如果构图当中包含有暗调区域,那么模糊的雪片会显得清晰突出,使观者能意识到这场暴风雪。

3.霜的拍摄

当拍摄一片覆霜的地面时,可以像拍摄雪景那样来处理,也要使曝光偏亮一些。但是,如果要给霜花钩边的树叶或浆果拍摄特写时,就要仔细注意色调的整体分布,随之调整曝光量。要小心地对准主要色调区域测光,并根据预期的照片亮度或暗度来计算曝光量。例如,若要拍摄茎、叶或浆果上的几簇霜花,曝光多半应比中灰调稍暗一些,要略为减少曝光。用高逆光照明的叶边霜花如果曝光量不减少整整一级,就会失去霜花的细部和结晶状的外观。假如认为最近叶子的暗面会由于曝光不足而失去颜色和细部,可使用一块银箔把光线反射到叶子的暗面。逆光往往可以强化戏剧性效果,也可在背阳的地方拍出绝好的霜花照片,在这种地方曝光量的计算一般都比较容易。

第六章

数码单反摄影——拍摄角度

SHUMA DANFAN SHEYING —— PAISHE JIAODU

6.1
数码单反摄影透视的基本规律

6.1.1 数码单反摄影——近大远小规律的拍摄

近大远小是最基本的透视规律，它可以表现摄影画面的空间感，是一种运用广泛而富有表现力的设计语言。景物离视点越近就越大，越远就越小。在拍摄时利用近大远小的规律，运用平行或成角透视的方法，在画面上塑造出立体的空间，如图 6-1 至图 6-4 所示。

6.1.2 数码单反摄影——景物垂直时大、平行时小规律的拍摄

等大的平面或等长的线段，与人的视线呈垂直放置时比与人的视线呈水平放置时要稍大，这是由人眼的视觉规律决定的。景物在拍摄画面上与人的视线呈垂直放置，景物距离拍摄画面近则人的视线看到的垂直的景物就大；景物在拍摄画面上与人的视线呈平行放置时，景物距离拍摄画面远则人的视线看到的平行的景物就小。景物垂直时大、平行时小的拍摄效果如图 6-5 至图 6-8 所示。

图 6-1 近大远小的拍摄（一）
（摄影者黄德高,2012 年,武汉,《城市遗留》）

图 6-2 近大远小的拍摄（二）
（摄影者刘军,2012 年,武汉,《红墙雪车》）

图 6-3　近大远小的拍摄(三)
(摄影者刘军,2012 年,武汉,《雪凳》)

图 6-4　近大远小的拍摄(四)
(摄影者刘军,2010 年,湖南怀化,通道县东江村,《石子路》)

图 6-5　景物垂直时大、平行时小的拍摄(一)
(摄影者李勤,2011 年,台湾,《小桥流水》)

图 6-6　景物垂直时大、平行时小的拍摄(二)
(摄影者刘安生,2009 年,北京,《纵与横》)

图 6-7　景物垂直时大、平行时小的拍摄(三)
(摄影者刘军,2013 年,武汉东湖,《冬季暖叶》)

图 6-8　景物垂直时大、平行时小的拍摄(四)
(摄影者黄德高,2011 年,武汉东湖,《水上亭》)

6.1.3 数码单反摄影——近景清晰、远景模糊规律的拍摄

　　开阔的拍摄视角大，强调近景，压缩远景，这样的透视感比较好。拍摄者可将较近的景物夸张放大，较远的景物压缩变小，就能使主要景物突出、远景完整，拍摄效果如图6-9所示。近景清晰、远景模糊的规律与人的视角接近，所以没有景物变形、扭曲的失真现象。如将前景、中景、远景放在一起，虽然影像的结构很扎实，也不会显得拍摄画面空空荡荡，但还是没有透视感，如图6-10、图6-11所示。

图 6-9　近景清晰、远景模糊的拍摄(一)(摄影者李勤,2011 年,青岛,《清晨海湾》)

图 6-10　近景清晰、远景模糊的拍摄(二)　　　　图 6-11　近景清晰、远景模糊的拍摄(三)
　　　　　(摄影者黄德高,2011 年,武汉东湖)　　　　　　　(摄影者黄德高,2011 年,随州,《凝望》)

6.2
数码单反摄影取得透视效果的方法

6.2.1　数码单反摄影——焦点透视拍摄

　　焦点透视也称单视点透视，是利用影像焦点的虚实表现摄影空间强度的一种方法。

　　摄影师运用光学原理在场景中越靠近焦点越清晰、越远离焦点越模糊的特性，使处在不同距离上的景物影像清晰或模糊，以显示影像所表现的景物在客观环境中所处的空间位置，借以在画面上造成空间深度的幻觉，如图6-12所示。例如：将焦点放在近景上，使处在中、远距离上的景物影像逐渐模糊；将焦点放在中景上，使处在近、远距离上的景物影像模糊，如图6-13所示；将焦点放在远景上，使处在近、中距离上的景物影像逐渐模糊。

　　焦点透视与景深有关，景深控制得好，效果越显著，如以前景深清晰界为起点向近处延伸，越近的景物影像越清晰；以后景深清晰界为起点向远处延伸，越远的景物影像越模糊。焦点透视效果在设计近、中距离景物时最显著，焦点透视也是摄影造型和构图的一种手段，其效果如图6-14、图6-15所示。

图6-12　焦点透视拍摄（一）
（摄影者刘一儒，2011年，武汉，《序列瓶》）

图6-13　焦点透视拍摄（二）
（摄影者刘一儒，2012年，武汉，《苦涩》）

图6-14　焦点透视拍摄（三）
（摄影者刘一儒，2012年，《绿洲》）

图6-15　焦点透视拍摄（四）
（摄影者刘军，2010年，安徽黄山，《一线天》）

6.2.2　数码单反摄影——大气透视拍摄

　　大气透视也称空气透视。通过空气介质观察自然景物时感受拍摄空间深度，是拍摄画面形成影调透视、再现空间深度的基础。大气透视现象的形成，是空气介质对不同波长的光线吸收、反射、扩散的结果。它的主要特点是：由于景物距离位置的远近不同，观者感觉近处的景物暗，远处的景物亮，近处景物的明暗反差大，远处景物的明暗反差小，拍摄效果如图6-16所示；近处景物的轮廓清晰度高，远处景物的轮廓清晰度低；远近景物的色彩除明度不同外，近处景物的色饱和度高、色反差大，远处景物的色饱和度低、色反差小，拍摄效果如图6-17所示。景物距离的远近差别越大，上述现象越显著，如图6-18至图6-20所示。影响大气透视现象的因素除景物距离的远近之外，还有空气介质的混浊程度，悬浮颗粒的密度和大小，照明条件和光线角度，以及其他因素。

图 6-16　大气透视拍摄(一)(摄影者李勤,2011 年,青岛,《薄雾港湾》)

图 6-17　大气透视拍摄(二)
(摄影者刘军,2013 年,武汉,《弥漫禅诗》)

图 6-18　大气透视拍摄(三)
(摄影者黄德高,2011 年,青岛,《薄气轻罩》)

图 6-19　大气透视拍摄(四)
(摄影者刘军,2013 年,武汉,《烟雾都市》)

图 6-20　大气透视拍摄(五)
(摄影者刘军,2013 年,武汉,《雾中铁轨》)

6.2.3　数码单反摄影——影调透视拍摄

　　影调透视(见图 6-21)也称阶调透视,是拍摄画面中不同的明暗阶调按一定规律进行排列、配置以表现空间深度的一种方法。影调透视有亮背景与暗背景两种视觉形式。亮背景的影调透视是大气透视现象在场景画面上的反映。暗背景的影调透视表现形式有如在夜景中观察景物的感觉:近处景物亮,远处景物暗;近处景物轮廓清晰度高,远处景物轮廓清晰度低;近处景物明暗反差大,远处景物明暗反差小;近处景物色彩鲜明,远处景物色彩晦暗。在数码单反摄影中,常利用影调透视进行造型、构图,或创造场景特定的气氛,或表达拍摄空间的深度(以便区分画面中前后景物层次,处理好被摄主体与背景的关系),或表现在不同时间、地点、气候条件下的场景的环境气氛(见图 6-22)。摄影师在拍摄模型时常用各种手段加强影调透视效果,如施放人工烟雾、选取照明条件或调整人工照明、选择拍摄角度或布置场景以构成透视影调关系等。有时，由于表达主题及造型的需要，摄影师也用某种手段减弱影调透视效果，以创造符合要求的拍摄效果。

图 6-21　影调透视拍摄（一）
（摄影者刘璟亮，指导老师孔舜，2011 年，武昌首义纪念馆，《百年辛亥》）

图 6-22　影调透视拍摄（二）
（摄影者孔舜，2012 年，宜昌白马洞，《五彩洞天》）

6.2.4　数码单反摄影——线条透视拍摄

线条透视也称视角透视，是拍摄画面中的影像及线条按一定规律结构以表现空间深度的一种方法，是应用光学成像原理的结果。

1.线条透视拍摄的表现形式

线条透视拍摄的表现形式有如下几种。

（1）同样大小的景物，根据观看点的远近距离不同，可形成近大远小的影像，拍摄效果如图 6-23 所示。

（2）纵深方向平行的线条越向远处延伸就越集中，最后消失在视平线的一点上，拍摄效果如图 6-24、图 6-25 所示。

（3）与画平面纵横平行长度相同的线段所处的空间位置越远就显得越短，拍摄效果如图 6-26 所示。

2.影响线条透视的因素

影响线条透视的因素有如下几点。

（1）景物的空间位置及线条结构形式（见图 6-27）；

（2）景物的距离、方向及高度。摄影师常选择不同景物的距离，以改变远近景物与观看点之间的距离，形成不同的透视效果；或选择适当的前景构成近大远小的影像以加强线条透视效果，如图 6-28、图 6-29 所示。

图 6-23　线条透视拍摄（一）
(摄影者黄德高，2011 年，武汉琴台，《湖中灯影》)

图 6-24　线条透视拍摄(二)
(摄影者李勤，2011 年，青岛，《红旗飘飘》)

图 6-25 线条透视拍摄（三）
（摄影者刘军，2013 年，武汉白沙洲大桥，《晨光》）

图 6-26 线条透视拍摄（四）
（摄影者刘军，2010 年，深圳，《树包房》）

图 6-27 线条透视拍摄（五）
(摄影者刘军，2010 年，安徽木坑，《竹林》)

图 6-28 线条透视拍摄（六）
（摄影者刘军，2010 年，深圳，《彩柱》）

图 6-29 线条透视拍摄（七）
（摄影者黄德高，2010 年，黄冈，《松林》）

6.2.5 数码单反摄影——借位拍摄

借位拍摄，是指在拍摄中利用某一方位景物设计其他方位景物。借位拍摄的效果如图 6-30 所示。在拍摄景物时，有以下几种情况可用借位拍摄。

（1）借用同一拍摄景物原角度景区设计另一方位的镜头，要求背景一致，并更换陈设道具。

（2）借用同一拍摄景物另一方位景区设计某一方位的镜头，要求背景一致，并将原来的陈设道具移来。

（3）拍摄画面位置不动，调整与变换角色、景物或道具的局部位置。在拍摄景物中运用借位可以减少搭景范围，方便打光的工作，拍摄效果如图 6-31 所示。

借位拍摄一般都在同一拍摄景物中借用，以不影响拍摄景物效果与质量为原则。借用不同拍摄景物中相类似的景区设计则称为借景，不是借位。

图 6-30　借位拍摄(一)
(摄影者刘军,2010 年,上海世博会,《一指功》)

图 6-31　借位拍摄(二)
(摄影者罗暑生,2010 年,上海世博会,《大娃》)

6.3
数码单反摄影——透视拍摄

6.3.1　数码单反摄影——鸟瞰拍摄

俯瞰亦称鸟瞰,是指按视平线高出画面而视线向下的透视画法或投影方法拍摄的画面。这种照片的立体感较强,概括地表现出场景的样式、规模和总体布局,但其细部的结构、纹样、图案、尺寸却难以标明,因此,它仅是对某一场景的示意图,如图 6-32 所示。鸟瞰用于绘制规模较大、层次较多、样式和布局较复杂的场景,以便取得直观印象和检查是否便于场面调度。拍摄透视鸟瞰有一定的透视效果,但不是严格的透视,如图 6-33 所示。

无透视的鸟瞰图是依据平面图直接拍摄出的鸟瞰图。摄影者在构图时,只要掌握拍摄景物的角度便能拍摄出无透视的鸟瞰图,一般以 45° 水平轴来拍摄效果图,如图 6-34 至图 6-36 所示。

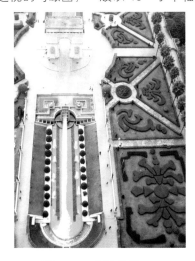

图 6-32　鸟瞰拍摄(一)
(摄影者李勤,2011 年,《台湾》)

图 6-33　鸟瞰拍摄(二)
(摄影者刘军,2009 年,宁波普陀山)

图 6-34　鸟瞰拍摄（三）
（摄影者刘军，2010 年，深圳，《圆形广场》）

图 6-35　鸟瞰拍摄（四）
（摄影者刘军，2010 年，深圳，《红顶房》）

图 6-36　鸟瞰拍摄（五）
（摄影者刘军，2010 年，深圳，《都市景象》）

6.3.2　数码单反摄影——平行透视拍摄

数码单反摄影中的景物多为六面立方体，如建筑物、桌、椅、橱、柜等，这些景物不管它形状如何不同，都可以归纳在一个或数个立方体中。一个六面立方体，有上下、前后、左右三种面，只要有一种面与画面成平行的方向，就称为平行透视。平行透视也称一点透视。凡是景物与拍摄画面成平行的这个面，它们的形状在透视中只有近大远小比例上的变化，拍摄效果如图 6-37 所示。

平行透视的景物三种边线的透视方向是垂直、水平和向心点。众多景物组成的平行透视场景的线段透视方向也一样的，如图 6-38 所示。

平行透视的向心点的作用很大，它是众多直角变线的消失点。向心点在拍摄画面的视平线上，在拍摄画面的左右中心位置，随着视平线的移动而变化，从而产生不同的透视拍摄效果，如图 6-39 所示。

平行透视的拍摄特点如下：一个六面形的景物在透视图有时只能看到一个面或两个面、三个面。向心点在景物的内侧时，只能看到景物与正面平行的一面，其他面被正面所遮不能看见，这种情况只有平行透视才有，如图 6-40 所示。向心点在景物的外侧时，能看到景物的两个面。向心点在景物上角，则能看到景物的三个面，此角度景物外形显得较为清楚。向心点虽是在景物的内侧，但因正面是空的，因而能看到的面就更多了，并且能一层一层地延伸，这也是平行透视的特点。平行透视的拍摄画面还具有安定、平稳的特征，让人产生自然、宁静的感觉，如图 6-41 所示。

图 6-37　平行透视拍摄(一)
(摄影者黄德高,2011 年,随州,《银杏林》)

图 6-38　平行透视拍摄(二)
(摄影者刘安生,2008 年,西安法门寺,《长廊》)

图 6-39　平行透视拍摄(三)
(摄影者黄德高,2010 年,赤壁,《水上亭》)

图 6-40　平行透视拍摄(四)
(摄影者刘军,2010 年,深圳,《都市绿洲》)

图 6-41　平行透视拍摄(五)(摄影者刘军,2010 年,深圳)

6.3.3　数码单反摄影——成角透视拍摄

　　拍摄时,对景物平视且景物立方体竖立面同画面都不平行,称为成角透视拍摄。成角透视拍摄立方体景物的三边线有两个点为灭点(左、右灭点),属于两点透视。在平行透视拍摄中,景物与画面成垂直的一面是 90°,它的直线是向心点集中,在成角透视拍摄中景物两个侧面的线条是向左右两个灭点集中,这就是成角透视拍摄,拍摄效果如图 6-42 所示。成角透视拍摄的构图,相对于平行透视拍摄来说,显得灵活而有动感,更符合视觉习惯,拍摄效果如图 6-43 至图6-45 所示。

图 6-42　成角透视拍摄(一)
(摄影者马壮,指导老师蒲军,2012 年,武汉藏龙岛,《好心情》)

图 6-43　成角透视拍摄(二)(摄影者李勤,2011 年,云南,《红漆木雕楼》)

图 6-44　成角透视拍摄(三)　　　　　　图 6-45　成角透视拍摄(四)
(摄影者刘军,2010 年,深圳)　　　　(摄影者黄德高,2011 年,武汉石榴红村,《农作物》)

6.3.4　数码单反摄影——仰视透视拍摄

拍摄时，当中视线向基面上方倾斜或垂直时，称为仰视透视拍摄。视点引向景物任何一点的直线为视线，其中引向正前方的视线为中视线。

仰视透视是拍摄画面视轴偏向视平线上方的设计方式。摄影师处于仰视景物的位置，可用于拍摄空中景物。

仰视透视的拍摄的特点如下。

（1）景物的地平线在拍摄画画中处于下部或下部画外，如图6-46所示。

（2）仰拍建筑物时，近景高耸于地平线上，十分醒目突出，远景被近景遮挡，得不到表现，有净化背景的作用，如图6-47所示。当有远景出现时，有被压缩在地平线上的感觉。

（3）拍摄画面中竖向的线条有向上方透视集中的趋势，拍摄效果如图6-48所示。

用广角画面仰视拍摄某些场景，高耸的近景和被压缩的远景可造成强烈的透视对比，称为配景缩小法。仰视透视拍摄常被用于表现崇高、庄严、伟大的气势，如图6-49所示。拍摄中的角色在近景时，需掌握分寸，在较近的距离上过仰的角度易造成透视变形，有时为了达到某种艺术目的，亦可利用透视变形造成夸张的效果。

图6-46　仰视透视拍摄（一）
（摄影者马壮，指导老师蒲军，2012年，武汉，《老宅藤瀑》）

图6-47　仰视透视拍摄（二）
（摄影者刘安生，2009年，厦门，《楼层红灯笼》）

图6-48　仰视透视拍摄（三）
（摄影者刘安生，2008年，北京，《仰望阁楼》）

图6-49　仰视透视拍摄（四）
（摄影者刘军，2008年，景德镇，《磁盘龙》）

6.3.5 数码单反摄影——俯视透视拍摄

拍摄时,当中视线向基面下方倾斜时,称为俯视透视拍摄。俯视透视的特性:位置高就离视点近,比例相对大;位置低就离视点远,比例相对小。假设的拍摄画面倾斜,视平线必须与拍摄画面垂直。垂直景物的原线都不与画面平行,也不与地面垂直,拍摄效果如图 6-50 所示。

俯视透视是拍摄画面视轴偏向视平线下方的设计方式。摄影师处于俯视景物的位置,主要用以表现视平线以下的景物,如图 6-51 所示。

图 6-50 俯视透视拍摄(一)
(摄影者李勤,2011 年,台湾,《游艇》)

图 6-51 俯视透视拍摄(二)
(摄影者李勤,2011 年,云南,《灰瓦顶》)

俯视透视拍摄的特点如下。

(1)景物地平线在拍摄画面中处于上部或上部画外,如图 6-52 所示。

(2)俯视低处景物时,近景的地面位置在画面底部,远景在画面上部,分布在地平面上的近景清晰可见,能展现景物明确的空间位置,造成空间深度感(垂直角度例外),如图 6-53 所示。

(3)拍摄画面中竖向的线条有向下方透视集中的趋势。

用广角画面俯视某些场景,如在楼房高处俯视街景,景物的顶部与地面景色能构成远近景强烈的透视对比,有配景缩小的效果。俯视透视拍摄常被用来描述环境特色,有时也用来造成压抑、低沉的气氛(见图 6-54)。设计场景中的角色在近景时,需掌握分寸,在较近的距离上采取过于俯视的角度易造成透视变形,有时为了达到某种艺术目的,亦可利用透视变形造成夸张的效果。

图 6-52 俯视拍摄(一)
(摄影者李勤,2011 年,云南,《海边群居》)

图 6-53 仰视拍摄(二)
(摄影者刘军,2011 年,武汉,《婚车一条龙》)

图 6-54　仰视拍摄（三）
（摄影者刘一儒，2011 年，武汉，《方寸之地》）

第七章

数码单反摄影——拍摄的意境

SHUMA DANFAN SHEYING —— PAISHE DE YIJING

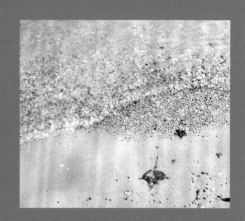

7.1
数码单反摄影——写意画面的拍摄

在数码单反摄影中，拍摄写意画面需要有意境。意境美是说摄影作品要有意思、情趣，也可以说摄影作品要能在形象之外进一步表达出某些含义，使读者看了引起某种共鸣，拍摄效果如图 7-1 所示。意境美就是通过画面打动读者，引发读者产生某种情思，即人们常说的情景交融、景境贯通，拍摄效果如图 7-2 至图 7-5 所示。在数码单反摄影作品中，有不少是写意的，而且大多是通过一景一物比喻人的生活等，从表面来看，画面是在写景，而实际上则另有含义。

图 7-1 写意画面的拍摄（一）
（摄影者刘军，2013 年，武汉东湖，《湖边红叶》）

图 7-2 写意画面的拍摄（二）
（摄影者黄德高，2012 年，武汉木兰草原，《晚秋美景》）

图 7-3 写意画面的拍摄（三）
（摄影者孔舜，2012 年，
宜昌三峡，《孤帆远影》）

图 7-4 写意画面的拍摄（四）
（摄影者刘军，2010 年，
安徽木坑，《绿意盎然》）

图 7-5 写意画面的拍摄（五）
（摄影者刘军，2013 年，
武汉，《深夜透光的露水玻璃》）

7.1.1　数码单反摄影——人物意境的拍摄

如梦如幻、诗意盎然的意境的获得，依赖于虚实并举、虚实相生。实和虚的运用是相辅相成的，如果画面上全是实景，会令人感到憋闷；反之，如果画面上全是虚景，又会令人感到空虚。因此，摄影者只有恰到好处地把握住虚与实，才能表现画面的意境，如图 7-6、图 7-7 所示。

图 7-6　人物意境的拍摄（一）

（摄影者黄德高，2012 年，武汉解放公园，《初冬暖阳》）

图 7-7　人物意境的拍摄（二）

（摄影者黄德高，2012 年，武汉东湖，《荷花拍客》）

在人物意境拍摄中，逆光的拍摄由于暗部比例增大，相当于部分细节被阴影所掩盖，被摄对象以简洁的线条或很少的受光面积凸显在画面之中，这种大光比、高反差给人以强烈的视觉冲击，从而产生较强的艺术造型效果。

首先，逆光拍摄使背景处于背光之下，曝光不足，使背景得到净化，从而获得突出被摄主体的效果。其次，逆光拍摄能生动地勾勒出被摄对象清晰的轮廓线，使被摄主体与背景分离，凸显被摄对象外形起伏和线条，强化被摄对象的主体感。再次，逆光拍摄能深入地刻画人物性格，由于整个画面受光面积小，面部与身体的大部分处于阴影之中，形成以深色为主的浓重低调画面，有助于表现人物深沉、含蓄或忧郁的性格。最后，由于影调反差对比度较大，明暗光线布局强烈，既可使人物面部的某些欠缺借助强光加以冲淡，又可利用背光的暗影予以隐匿，以取得扬长避短之效。

特别是早晨或傍晚在逆光下拍摄，由于空气中介质状况的不同，使色彩构成发生了远近不同的变化：前景暗，背景明；前景色彩饱和度高，背景色彩饱和度低，从而造成整个画面由远及近，色彩由淡而浓，由明而暗，形成了微妙的空间纵深感。

下午 17：00—18：00 的时候，太阳的位置靠西且与地平线的夹角呈 45° 左右，阳光比较柔和，也较上午的光线通透，当然根据季节的不同，夕阳出现的时间也会有所不同，根据具体阳光的高度进行选择就可以了。多选择使用侧光或逆光，如果是纯逆光的时候，画面需要选择深色的背景，因为拍摄纯逆光基本需要按照人物面部进行曝光，且稍微曝光过度一挡，这样会使人物的肤质显得干净，如果背景不是深色，被摄人物曝光准确时，背景就会完全过曝，使整个画面没有层次。补光方面一般会使用两张反光板：一张作为底板，消除人物的下颌以及眼袋部位的暗影，同时起到去红眼的作用；一张与太阳、被摄人物一起构成三点一线，对被摄人物面部和身体进行补光，但切忌光比太大，以消除暗影为标准，不然被摄人物会显得比较死板。有些时候，摄影者也可以故意让阳光吃进镜头，给画面增加朦胧感。

如果现场的光线并不是很强，不足以勾勒出人物轮廓，此时可以使用闪光灯在和太阳光相似的位置上进行补光，需要注意的是：其一，光比不能太大，否则人物轮廓会过曝并影响整个画面的光比；其二，距离要相对远一些，以能够给人物全身进行轮廓补光为标准，不要出现只是头部或者上半身有轮廓光，这样会让画面看起来不协调。

夕阳偏黄的色调会给人一种暖暖的感觉，那摄影者需要的不是降低相机色温来平衡，而是使用比现场色温偏高的设置来加强画面的柔美感，拍摄效果如图 7-8 至图 7-11 所示。注意，不能用反光板的金色面来反光，不然被摄人物面部的黄色调就会有脱离画面的感觉，整体画面的色温控制以被摄人物面部色调处于正常范围内为限。在外景拍摄中，永远要记住一点，主光永远是太阳光，摄影师要做的事情就是利用好太阳光，虽然有外拍补光的设备，但是要记住，除了拍摄大光比的照片以外，千万不要使用闪光灯。

图 7-8 人物意境的拍摄（三）
（摄影者马壮，指导老师蒲军，2012 年，武汉藏龙岛，《楚天晚霞》）

图 7-9 人物意境的拍摄（四）
（摄影者刘军，2002 年，武汉，《看展叠影》）

图 7-10 人物意境的拍摄（五）
（摄影者马壮，指导老师蒲军，2010 年，武汉，《遇见时光》）

图 7-11 人物意境的拍摄（六）
（摄影者杨皓，指导老师孔舜，2012 年，武汉藏龙岛，《浪漫雪天》）

7.1.2 数码单反摄影——动物意境的拍摄

摄影者早期的摄影作品很多是模仿名家的格调的，不单独构图，甚至在采光方面也极力模仿，所以，摄影又称为用光绘就的图画。早期从事艺术摄影的摄影家，本身也是画家，在拍摄作品时很自然地就把绘画方面的技法搬到摄影方面去运用，例如，灯光人像采光技术中，45°角的光又称为伦勃朗光。伦勃朗是一位享有盛名的画家，他在绘画时，很喜欢用这一角度的光线去描述人物。

当人们谈到一幅意境摄影作品时，很难避免不使用绘画方面的一个术语——画面。画，指的是图画，也就是绘画；面，指的是两度空间的平面。虽然这幅意境摄影作品不是绘画而成的，而是通过摄影器材、摄影技术产生出来的，不属于绘画范围，但仍可以借用了绘画的术语，且不会产生误会，可见绘画对意境摄影影响之深了。在一幅优秀的意境摄影中如有动物出现，就犹如画龙点睛之笔。动物意境的拍摄效果如图7-12至图7-17所示。

图7-12　动物意境的拍摄（一）
（摄影者黄德高，2012年，武汉，《湖鸥》）

图7-13　动物意境的拍摄（二）
（摄影者黄德高，2012年，武汉，《野鸭》）

图7-14　动物意境的拍摄（三）
（摄影者黄德高，2012年，武汉木兰草原，《戏水》）

图7-15　动物意境的拍摄（四）
（摄影者黄德高，2012年，武汉木兰草原，《晚秋的池塘旁》）

图7-16　动物意境的拍摄（五）
（摄影者黄德高，2012年，武汉，《飞起的鸽子》）

图7-17　动物意境的拍摄（六）
（摄影者黄德高，2012年，武汉动物园，《天鹅的队列》）

一幅优秀的动物意境摄影作品，必然表现出动物的特色和动物的姿态，富有神韵，具有魅力，可谓神造摄影精品。动物意境摄影是唯美的，它重在写意，从景物的画面整体构思，设计主、客体定位，以及勾勒浓淡、明暗的线条，在虚幻中求实存，着力动物意境摄影的真实感，其关键是用好组合光，拍摄效果如图 7-18 至图 7-20 所示。动物意境摄影区别于纪实摄影，更与新闻摄影不同。光的组合作用给了作品的艺术生命。然而，采光却不像画家手中的画笔、雕塑家手中的刀那样运用自如、得心应手。尤其在室内有限的空间里，光波流动快，忽隐忽现，摄影者应计准阳光移动的时速，布置拍摄环境，定位被摄对象，调准焦距"守株待兔"，当光的组合相映生辉恰到好处时，立刻按动快门抢拍，成败就在此一瞬间。

图 7-18　动物意境的拍摄（七）
（摄影者黄德高，2012 年，武汉动物园，《亲子互动》）

图 7-19　动物意境的拍摄（九）　　　　　　　图 7-20　动物意境的拍摄（十）
（摄影者孔舜，2013 年，武汉动物园，《一家子》）　　（摄影者孔舜，2010 年，湖北枝江，《嬉戏》）

7.1.3　数码单反摄影——植物意境的拍摄

春、夏、秋、冬四个季节里有许多比较好的天气，温暖的阳光铺满各个角落，非常适合拍照，植物在阳光下能体现出植物特有的色彩，拍摄效果如图 7-21 至图 7-23 所示。而在各种拍摄题材中，逆光摄影是一种具有艺术魅力和较强表现力的摄影方式。它能使画面产生完全不同于人们肉眼在现场所见到的实际光线的艺术效果。一般来说，在某些特定环境下摄影者可以采用逆光摄影，而在逆光摄影中，需要摄影者更加熟练地控制光线。植物意境的拍摄效果如图 7-24 至图 7-26 所示。

在拍摄透明或半透明的物体，如花卉、植物枝叶等，逆光拍摄为最佳方式。一方面，逆光会使透光物体的色明度、饱和度都能得到提高，使顺光光照下平淡无味的透明或半透明物体呈现出美丽的光泽和较好的透明感；另一方面，逆光使同一画面中的透光物体与不透光物体之间亮度差明显拉大，明暗相对，大大增强了画面的艺术效果，拍摄效果如图 7-27 至图 7-30 所示。

废墟或者满布落叶的地方，或者安静的铁轨等景色，往往给人一种寂静冷清的感觉，如图 7-31、图 7-32 所示，在这样的环境下拍摄就容易体现出伤感。运用大背景模式，将被摄人物放置角落，能表现出一种伤心和无助的感觉。

图 7-21　植物意境的拍摄（一）
（摄影者黄德高，2013 年，云南，《冬季的树》）

图 7-22　植物意境的拍摄（二）
（摄影者黄德高，2012 年，武汉东湖，《护花》）

图 7-23　植物意境的拍摄（三）
（摄影者刘军，2010 年，深圳，《圈圈树》）

图 7-24　植物意境的拍摄（四）
（摄影者刘军，2008 年，安徽南屏，《狗尾巴草》）

图 7-25　植物意境的拍摄（五）
（摄影者刘军，2012 年，武汉解放公园，《树之魅影》）

图 7-26　植物意境的拍摄（六）
（摄影者刘一儒，2012 年，武汉，《她·姿态》）

图 7-27　植物意境的拍摄（七）
（摄影者李勤，2011 年，云南，《水里的枯树》）

图 7-28　植物意境的拍摄（八）
（摄影者刘一儒，2012 年，武汉，《她·灿烂》）

图 7-29　植物意境的拍摄（九）
（摄影者黄德高，2009 年，深圳莲花山，《春色》）

图 7-30　植物意境的拍摄（十）
（摄影者刘一儒，2012 年，武汉，《青涩》）

图 7-31　植物意境的拍摄（十一）
（摄影者黄德高，2012 年，武汉东湖，《荷瓣》）

图 7-32　植物意境的拍摄（十二）
（摄影者刘军，2012 年，武汉，《多彩的秋叶》）

7.1.4　数码单反摄影——景物意境的拍摄

　　面对神奇而又美丽的大自然，摄影者怎样才能创作出富有意境美的作品呢？首先，摄影者要有一双训练有素的眼睛，能对景物有敏锐的观察力和理解力，同时还需要正确的装备和极大的耐心，然后再经过选择（包括角度、形象、色彩等）和利用适当的光线组合成富有内涵的画面。换句话说，意境就是动情于山水，寄情于画面而形成的结果。具有意境美的景物作品，从景物画面本身来看是写景，实际是写意，用寄情于景、借景传情的手法表达自己的真实意图，也就是它的意境。拍摄风景作品时，如不深入生活，不能进一步了解要表现的对象，也就难以产生有意境的景物摄影作品，拍摄效果如图 7-33 至图 7-38 所示。

　　有人认为拍景物只要景物有名气就可，于是拍山要最高的，拍河流要最大的，拍花要最名贵的，拍建筑要最古老的……然而，山高不一定雄伟，山不在高而在秀，这秀道出的形象美并不一定高山才有，河大不一定壮观，高大名贵的景物不一定都好看，也不一定都能拍出理想的作品。创作时只要抓住或突出景物的独特意蕴，就有可能产生较理想的作品。创作理想的作品，关键在于创作者能否巧用心思来表现景物的特质与神韵。

图 7-33　景物意境的拍摄（一）
（摄影者李勤，2011 年，台湾，《广场喷泉》）

图 7-34　景物意境的拍摄（二）
（摄影者李勤，2011 年，云南，《云南之云》）

图 7-35　景物意境的拍摄（三）
（摄影者刘军，2012 年，武汉，《车内赏朦胧雨夜》）

图 7-36　景物意境的拍摄（四）
（摄影者刘安生，2009 年，北京，《冰湖面》）

图 7-37　景物意境的拍摄（五）
（摄影者刘军，2013 年，武汉东湖，《湖边松枝》）

图 7-38　景物意境的拍摄（六）
（摄影者刘军，2013 年，武汉东湖，《夫妻石》）

　　若要拍摄水花飞溅的画面，为了显示水珠，可以采用较快的快门速度，拍摄效果如图 7-39 所示。但在多数情况下不能这样做，为了显示溪流瀑布的动势，看起来轻柔飘逸，必须想方设法将快门速度降下来，以较慢的快门速度进行拍摄，而且快门速度越慢，溪流瀑布越有流动感。常用的快门速度为 1/2 秒至 1 秒甚至长达几秒，实现较慢的快门速度的方式通常有四种：一是收缩光圈，相对延长曝光时间；二是选择光线暗淡的阴雨天或早晚时间拍摄；三是通过设置选用较低的感光度；四是加用中性灰镜（一块不够就两块叠加）。为了避免采用较慢的快门速度时容易出现抖动，务必将相机固定在三脚架上，用快门线开启快门，若无快门线，则可以启用自拍功能。

　　景物摄影中意境美的表现手法，是创作的重要问题，拍摄富有意境美的景物作品更是如此。它和其他文艺作品的创作的不同之处是通过操作相机，在光线、色彩的选择运用方面做到谐调、美观，在进行构图时，对景物巧妙地选择与组合，使其恰到好处。一般来说，景物摄影中意境美的表现手法大致有以下三个方面。

　　1）光线的选择和运用

　　光线在摄影艺术创作中是极其重要的，光线的明暗强弱，关系着景物的形象是否突出，如影调的深浅层次、色彩的暗淡明快、空间距离的显示和画面均衡等都与光线有着密切的关系，拍摄效果如图 7-40 至图 7-42 所示。

图 7-39　景物意境的拍摄（七）
（摄影者刘军，2010 年，深圳，《爱的喷泉》）

图 7-40　景物意境的拍摄（八）
（摄影者李勤，2011 年，台湾，《跳动的午夜》）

图 7-41　景物意境的拍摄（九）
（摄影者刘军，2009 年 7 月 22 日 9 点 22 分，武汉大桥，《日全食前景》）

图 7-42　景物意境的拍摄（十）
（摄影者刘军，2008 年，安徽宏村，《绵绵云》）

　　景物意境摄影所用的光线，主要是指白天的太阳光。一天中，太阳从日出到日落，光线是有许多变化的。黎明的光线较朦胧，色温低；中午的光线极强，色温也高；傍晚的光线呈玫瑰色，色温又低下来；日落之后的光线则表现出微弱的灰色。不同的时间，光线照射的角度也不同。合理地使用这些光线，能对风光摄影产生较大的影响，尤其是对于意境美的构思和形成，拍摄效果如图 7-43、图 7-44 所示。

图 7-43　景物意境的拍摄（十一）
（摄影者黄德高，2012 年，武汉解放公园，《初冬的阳光》）

图 7-44　景物意境的拍摄（十二）
（摄影者黄德高，2012 年，武汉二桥，《车走云走》）

2）色彩的运用

在景物意境摄影中，色彩占极重要的地位。大体上说，色彩可分为暖色和冷色两大系列，红色、黄色以及倾向红黄色的颜色为暖色；青色、蓝色以及倾向青蓝色的颜色为冷色。色彩除了给人心理上的不同感受以外，还可增强画面的表现力，使画面绚丽多彩，拍摄效果如图 7-45、图 7-46 所示。

拍彩色照片切忌色彩杂乱，没有章法。色彩过杂，没有主次，主景体现不出来；色彩过碎，星星点点，显得小气。一般的经验是用色越少，效果越好。

要使景物摄影作品有意境，在色彩上应强调画面的色彩基调，也就是主要的基本色调，然后再考虑其他色彩的搭配取舍，达到统一美化的要求。使用色彩主要的表现手段是和谐统一、色彩对比和主次分明，否则容易破坏画面的某种意境。比如，拍摄冬天的景致，应以浅色为主，虽可点缀其他色彩，丰富画面，但也不能过多，以免冲淡寒冷的意境，拍摄效果如图 7-47 至图 7-49 所示。

图 7-45　景物意境的拍摄（十三）（摄影者黄德高，2013 年，云南，《天作之美》）

图 7-46　景物意境的拍摄（十四）
（摄影者刘安生，2011 年，安徽，《云雾》）

图 7-47　景物意境的拍摄（十五）
（摄影者刘安生，2011 年，荆州，《冬季城墙内的暖阳》）

图 7-48　景物意境的拍摄（十六）
（摄影者孔舜，2013 年，武汉中山公园，《冬逝》）

图 7-49　景物意境的拍摄（十七）
（摄影者刘军，2013 年，武汉，《美丽沙湖桥》）

3）构图方法的运用

构图在景物意境摄影创作中就是选择角度，并进行景物组合。一个角度一个世界；一个角度一番风光；一个角度一种意境。因此，选择角度意味着创作的开始，同时也意味着创作的结束。摄影者在选择角度时，就是运用构图的方法和规律，仔细推敲，多方比较，对各种景物进行取舍、搭配、组合，以及对拍摄点的确定和时机的选择都要认真对待，因此需要拍摄者有足够的耐心，这样才能使画面中所包含的景物具体地表现出鲜明、生动的艺术魅力和意境。

从绘画的角度看，构图的方法很多，但是对于景物意境摄影来说，应该以表现自然的景象为主，直接和现实打交道，构图应在选择景物、选择角度的过程中产生。在创作有意境美的景物摄影构图时，应该做到以下几点：明确思想，确定主景；重视配景，恰当衬托；注意稳定，追求均衡；多样变化，矛盾统一；巧用点线，美化画面；意到笔不到，景尽意未尽；有简有繁，亦疏亦密；有藏有露，半隐半现；左右联系，前后呼应；空白空间，巧妙安排；合理处理地平线；构图格式，随景而定；多方推敲，巧妙剪裁。景物意境的拍摄如图 7-50、图 7-51 所示。

总而言之，写景的摄影作品，有的可以表现意境，有的则不能。而写意的作品，则一定要通过写景才能表达出来。写意是景物摄影的目的之一，也是对景物意境创作的较高要求，只有达到这种境界，摄影作品才更有生命力。

图 7-50　景物意境的拍摄（十八）
（摄影者刘军，2008 年，安徽南屏，《雨后古城》）

图 7-51　景物意境的拍摄（十九）
（摄影者刘军，2010 年，安徽西递，《高强竹枝》）

7.2

数码单反摄影——微距意境的拍摄

在微距摄影方面，人们常常忘记图片的构图，因为放大的效果经常出乎意料。在微距摄影中，需要注意微距摄影的构图、用光、景深等摄影的基本法则。微距意境的拍摄效果如图 7–52 所示。

微距摄影是从其放大比例开始的。多大的放大比例才可以算微距摄影呢？如果放大比例是 1：1，当拍摄一枚硬币时，无论是 24 mm × 36 mm 的底片还是比它更大的图幅，硬币的大小就是底片上硬币图像的大小。放大比例如果是 2：1，底片上硬币图像的大小是硬币大小的 2 倍。

在放大比例小于 1：1 的情况下，可以称之为近距摄影，而不是微距摄影，拍摄效果如图 7–53 所示。但是，如果真的使用这个定义来评价，市场上仅有一种镜头可以完全用于微距摄影：佳能的 MP – E 65 mm f/2.8。除非使用增距镜等其他手段，这个严格的定义使很多拥有所谓微距镜头的人士失望。因为一支 70–300 的变焦镜头通常标明"macro"（微距）字样，而它的放大比例仅是 1：4 或 1：5。微距摄影的最小放大比例应是 1：2。微距摄影的问题在于是否用这种镜头拍出好的作品，而不是说放大比例越大越好。事实上，小于 1：2 的放大比例是非常难控制的，一般只有专业摄影人员才能较好地掌控。

7.2.1 数码单反摄影——植物微距的拍摄

每只镜头上都标记有最近对焦距离，这个距离是被摄对象到胶片平面的距离，即包含了镜头长度和几乎全部的机身厚度在内。在普通植物摄影中，由于镜头长度和机身厚度与拍摄距离相比，显得微不足道，所以可以忽略不计，但是在植物微距摄影中，镜头长度和机身厚度与拍摄距离就比较接近了，因而镜头长度和机身厚度成为一个重要的因素，此时考虑最近对焦距离的意义已经不大，重要的是镜头前端工作距离。植物微距的拍摄效果如图 7–54 所示。

图 7–52 微距意境拍摄
（摄影者黄德高，2012 年，红安天台山，《雾凇》）

图 7–53 近距拍摄
（摄影者黄德高，2012 年，武汉，《绿菊》）

图 7-54　植物微距的拍摄（一）
（摄影者孔舜，2013 年，武汉大学，《梅花与蜂》）

如果镜头前端的工作距离足够，植物微距拍摄则有如下好处：

（1）布光方便；

（2）不干扰活动着的或者敏感的被摄对象；

（3）可以在镜头前端加入需要的附件，比如环形微距闪光灯、滤光镜等。

植物微距摄影最大的敌人莫过于风。拍摄时你会惊异地发现，即使所谓无风的天气也不是那么平静，诡异的空气波动总是在你按动快门的那一刻出现。有时候，你用皮肤无法感受到的小风却可以在取景器中真切地看到，而就这一点点小风就可以把你原本的惊世杰作变成平庸的照片。克服风的影响并不是一件容易的事，可以说几乎没有完全有效的办法。首先，尽量选择正确的天气和时间进行拍摄。一般来说，一天当中风速最小的时间段是在清晨。太阳升起后，即使没有风，空气受热后也会在小区域内产生气流。傍晚是一天当中第二个最好的时机，风速一般也不大，但是拍摄效果不如清晨的拍摄效果好。清晨和傍晚还是拍摄植物的最佳时机，因为植物需要太阳的热量来保持能量，早晚时分风的影响很小，而且清晨植物上还有露珠，有利于拍摄。

除了选择正确的时机，还可以通过一些小附件来减小风的影响，比如，Wimberley 公司生产的 Plamp。简单地说，这个附件就是一个用塑料制成的短臂，其可以任意调节，一端有特殊设计的夹子用于固定被摄对象，另一端可以固定在三脚架或者其他固定物上。使用这类附件的时候一定要注意，在连接好夹子和三脚架后，不要随意移动三脚架，否则会破坏连在一起的被摄对象。在有微风的情况下，Plamp 的作用比较明显，特别是对于拍摄高茎的植物或者栖息在上面的昆虫。Plamp 通常可以让拍摄者降低 1~2 挡快门速度，这样就可以使用更小的光圈以获得足够的景深。

光线决定着植物照片的成败。摄影师最喜欢明亮的多云天气，这时光线很柔和，阴影也不会太生硬。清晨的露珠会使植物看上去更娇嫩，傍晚的斜阳十分利于刻画植物表面的细节。逆光能突出植物枝叶上的茸毛，还能让花朵看上去更加晶莹剔透。

偏振镜在拍摄鲜花时十分有用，除能加深天空的蓝色外，它还能减少花瓣和叶子上的反光，使它们的颜色看上去更加浓郁。摄影者可以使用反光板来冲淡花朵上的暗影，将多区测光方式得到的曝光读数稍稍降低一点，机内闪光灯就能和自然光线配合在一起使用。过度使用外接的闪光灯会产生难看的阴影，但降低闪光灯的输出功率并使用广角扩散板，在靠近被摄主体的情况下也能得到较为柔和的阴影，拍摄效果如图 7-55、图 7-56 所示。

图 7-55　植物微距的拍摄（二）　　　　　　图 7-56　植物微距的拍摄（三）
（摄影者黄德高，2011 年，武汉东湖，《绽放》）　　（摄影者刘军，2012 年，武汉，《茶花中的冰花》）

　　多灯闪光系统能产生更为多样化的光照效果，只要调整好各灯之间的光比，就能得到和谐的主光和辅助光。对于相对较小的花朵，最好降低闪光灯的输出功率进行近距离拍摄，这时 60 ～ 105 mm 的微距镜头就成为最佳选择。

　　摄影者随意拍摄鲜花很难得到出色的鲜花照片，只有经过精心的构图才能表现出鲜花独特的品质。鲜花完全是静态的，拍摄时只靠花朵的色彩和形状很难得到最佳的拍摄效果，这时构图才是至关重要的。构图可以从三分法则入手，利用偏离中心的花朵甚至是花心将观者的目光引入画面，至于枝条和叶子则应放置成斜线，以此来营造画面的动感。拍摄单枝的鲜花时应找好角度，充分展现花朵漂亮的几何结构。拍摄多个花朵时要让它们构成统一而和谐的画面。面对一株植物总有许多的拍摄方法，既能将它拍成微距作品，也可以将它放到风景照片中去。

　　鲜花的美丽还体现在它娇艳的颜色上，虽然黑白照片在几何结构和纹理的表现上具有极大的优势，但色彩仍是鲜花照片中十分重要的元素。把花朵放在模糊的绿叶中间或明亮的蓝天下是最好的拍摄方法之一，让花朵和其他物体的颜色相互搭配也能取得有趣的效果。例如，爬到花朵上面的金龟子使色调产生了微妙变化，而蹦上红花的绿蝗虫则带来了两种颜色的强烈反差。

　　各种几何形状在植物世界里随处可见，它是构图的重要元素。大多数花朵都是对称的：有的是双边对称，你能看到左右相同的两半；有的则成放射状对称，任何穿过中心点的切线都能把它分成对称的两半，比如雏菊。叶子的脉络构成的几何形状更为丰富，从简单的平行线条（如百合的叶子）到复杂的网眼（如天竺葵的叶子）不可胜数。植物茎上叶子生长点的排序暗含着斐波那契数，灯笼花上花瓣的脉络分布也是这样的，如图 7-57 所示。

　　植物包含的几何形状能让摄影者拍摄出各式各样精美的照片。对于叶子或花瓣，摄影者可以把它放在窗前或灯边，让逆光刻画出来的脉络纹理充满整张照片。使用高于 1∶1 的放大倍数来拍摄植物某个部分的细节，摄影者将会发现一些完全陌生的几何形状。

　　即使是在坏天气里也可以拍摄植物，若只在风和日丽时外出拍摄，这会让摄影者错过许多好时机。雨天里花朵会更加娇媚，湿润的天气会使叶子更加翠绿。在无风的雨后，植物上的水珠能映射周围的景象，若将它拍摄下来就能得到一张神奇的照片，如图 7-58 所示。

图 7-57　植物微距的拍摄（四）　　　　　　　　图 7-58　植物微距的拍摄（五）
（摄影者黄德高，2011 年，武汉，《花中灯笼》）　　（摄影者黄德高，2012 年，武汉，《雨后梅花苞》）

　　为了拍摄植物的细节，最重要的一点就是最近距离拍摄。植物拍摄最近距离直接影响镜头的放大比。如果不清楚昆虫扮演的角色，那任何对于植物的研究都是不完整的。对于摄影师来说，在拍摄植物时加入昆虫，无疑会给照片增添情趣。部分蝴蝶（如粉蝶、孔雀蝶和龟壳蝶）会冬眠，在天气转暖时它们会率先出现。其他的蝴蝶出现得较晚，它们会以蛹、毛虫甚至卵的形式过冬。大部分昆虫的生命历程与蝴蝶的生命历程差不多。

7.2.2　数码单反摄影——昆虫微距的拍摄

　　无论在白天或黑夜，都能在任何地方，包括土壤内外，水里、空气当中或某些生物身上找到昆虫。冬天，可能发现休眠状态中的昆虫——成虫和虫蛹。春、夏、秋三个季节最容易找到昆虫。其中有些昆虫在晨昏之际不大活动，因而是非常容易拍的。日落之前，摄影者可在草地上看到大量昆虫，很多昆虫可以轻而易举地接近并用微距镜头拍摄下来。寒冷的早晨也是搜寻昆虫的好时机，因为天冷时它们很少活动。昆虫微距的拍摄如图 7-59、图 7-60 所示。

图 7-59　昆虫微距的拍摄（一）　　　　　　　　图 7-60　昆虫微距的拍摄（二）
（摄影者黄德高，2012 年，武汉，《枯萎》）　　　（摄影者黄德高，2012 年，武汉，《蝶采蜜》）

花朵以其外观和香味吸引昆虫，所以是最易找到昆虫的地方。花朵的颜色、形状和线条给某些昆虫提供信息，它们告诉昆虫在何处降落，滑行多远。如果昆虫能按照指令行事，就能得到花蜜果腹，但它也在无意中"装载"上一些其他的信息。所有花朵都有一套自然演变得来的本领，能保证昆虫必须在装上"货物"之后才会离去。有些花只把昆虫留住一秒钟，而有些花可留住昆虫达数小时之久。

如果想显示植物如何吸引昆虫而又有一些近摄设备的话，几乎可以从随便哪一种普通的花朵着手拍摄。摄影者要注意观察某一种花的颜色、形状和各种标记，然后守在一旁，看昆虫在何处降落，降落后又如何行事。有一个好的建议，就是集中观察一、两个花种，直到学会了巧妙的观察方法为止。把所观察的花种及其视觉信号拍摄下来，如果可能，还要拍摄一、两只正在采蜜的昆虫。有些昆虫还要一再地飞回同一个降落点，这就意味着可能需要进行以下准备：①安上三脚架和相机，相机上装上微距镜头、伸缩管或皮腔；②进行构图；③事先聚焦于预期的昆虫降落点上；④对花或叶子进行测光，并决定曝光量；⑤静候。大花蝶常常钟爱一片叶子，所以，可以聚焦于这片叶子并等待大花蝶飞回。蚊子常常在它的"受害者"身上停留一小会儿。蜜蜂频繁地在蜂巢或蜂房中进进出出，只要聚焦于蜂巢或蜂房的入口，就能拍到满载而归的蜜蜂。

昆虫细小，且动作变化快，拍摄时宜用移动灵活、对焦快捷的 135 单反机，带自动曝光及连拍功能的更佳。昆虫微距拍摄的镜头选择具有自动兼手动对焦功能，有大光圈的专业微距镜头为首选，但要注意勿选用大口径的微距镜头，因其不能配合使用微距环形闪光灯。摄影者手头若无专业微距镜头时，也可将标准镜头倒接使用，或用标头加近摄接圈拍摄，效果都不错。最简单是使用近摄镜片，虽然像质稍差，但经济实惠，且拍摄起来方便灵活。如在拍摄昆虫微距时最好使用微距环形专用闪光灯，没有的也可用离机同步闪光灯或用反光板反射的方法，目的是模拟自然光，消除阴影，切记不能使用机顶灯直射拍摄。

在近距拍摄昆虫时，重要的是镜头的最近拍摄距离。具有同样放大比的 200 mm 和 50 mm 镜头的结果是一样的。区别在于：用 50 mm 镜头拍摄时，镜头的第一片镜片离拍摄物体只有 2 cm，而用 200 mm 镜头拍摄时，这个距离应是 50 cm。建议的微距镜头在 90～105 mm 之间，因为这个焦距段非常实用，应该被认为是最基本的配置。180～200 mm 的微距镜头价格比较贵且体积比较大。50～60 mm 的微距镜头对被摄对象有影响，不仅会吓跑昆虫也会影响光线，这是因为最近拍摄距离实在是太近了。拍摄效果如图 7-61 所示。

拍摄昆虫时，尽量把头部和眼睛的细节特征表现出来，和拍摄人像一样，如果被摄主体的眼睛没有合焦，整张照片就显得缺少了神采，拍摄效果如图 7-62 所示。不过要使昆虫的复眼清晰也不是一件太容易的事情。首先，不是所有的人都能快速准确地判断出昆虫的眼睛在什么地方，拥有一定的自然生物知识是拍摄好昆虫照片的保证。其次，昆虫的复眼大多不是简单的平面结构，而呈球形、卵圆形或肾形等，在景深已经非常小的情况下，把这种立体结构表现清楚并不容易。昆虫的复眼一般也并不在身体的轴线上，所以如何选择焦平面的确很头疼，以蝗虫为例，如果从侧面拍摄，焦平面应该选择在凸出复眼的最高点和身体轴线之间的位置，这样可以充分利用前景深、后景深的空间，使得尽量多的细节落在景深内。

一幅成功的昆虫摄影作品，大多表现了昆虫最精彩的动态瞬间。什么是最精彩的动态瞬间呢？这就需要摄影者去细心观察，反复比较，从大量失败的习作中提炼出精品来。笔者拍摄小甲虫时，拍了其觅食、爬行、飞翔等多种动态，都觉得不理想，后经反复观察和比较，认定它爬上叶子的那一刹那是最精彩的，便抓住一次机会，把爬上叶子的瞬间拍摄下来，拍摄效果如图 7-63 所示。

昆虫世界中的弱肉强食现象，也是值得拍摄的精彩镜头，如：蜘蛛追捕草蜢，草蜢垂死挣扎；蚂蚁围剿甲虫，甲虫寡不敌众。只要留心观察，这些有趣的场面是不难捕捉到的。

图 7-61　昆虫的微距拍摄（一）　　　　　图 7-62　昆虫的微距拍摄（二）
（摄影者黄德高，2012 年，武汉，《蜜蜂采桃花蜜》）　　（摄影者黄德高，2012 年，武汉，《菊花上的蜜蜂》）

图 7-63　昆虫的微距拍摄（三）（摄影者黄德高，2010 年，广州，《叶上昆虫》）

第八章

数码单反摄影——创意

SHUMA DANFAN SHEYING —— CHUANGYI

DUDUBAO THREE MONTHS

嘟嘟宝三个月时洗美容鸡蛋浴

8.1
数码单反摄影——反常规视觉拍摄

　　反常规的视觉，风景中实体呈现的景物、人物或动物，反倒是可以轻松借用反常规的视觉来吸引目光的。在这些数码单反摄影中，影像不需要照顾被摄对象的本身，只需要不经意地露一角，或是纯粹展示物体呈现的某个瞬间，就算大功告成了。

　　通过视觉观看景物，使拍摄中出现一些反常规的拍摄处理，向人们展示自然景观的反常规的视觉效果。通过运用各种现代的材料，如反射镜面、不同透明度的玻璃、金属等，对自然景观进行重新整合以创造出奇特景观，这说明如果换种角度、方式，人对景观会产生与日常印象完全不同的认识，拍摄效果如图8-1至图8-3所示。

图8-1　反常规视觉拍摄(一)　　　　图8-2　反常规视觉拍摄(二)　　　　图8-3　反常规视觉拍摄(三)
（摄影者刘安生，2008年，　　　（摄影者刘一儒，2011年，　　　（摄影者刘军，2010年，
西安，《雨水里的宝塔》）　　武汉长江大桥，《城市的过客》）　　深圳，《猴哥瞧望》）

　　美丽的事物容易取悦普通人，但对于眼尖的时尚大师来说，美往往不意味着好。Riccardo Tisci 早前因为选用"白化病模特"和变性模特引出话题，连 Marc Jacobs 也没能抵御得了这股与常规审美唱反调的新气象，硬是以"伪娘"的形象登上时尚杂志。"我理解性别符号。但这将是一个真正美丽的东西，如果我们只会穿什么我们想要的，它并不意味着什么。"Casey Legler 在接受美国《时代周刊》(TIME)采访时坦言。或许正如某杂志编辑所说，经年累月的常规形象已经让读者产生了视觉疲劳，唯有站出来唱反调的时尚领袖才能让人耳目一新。

8.2
数码单反摄影——后期创意制作

创造力不可缺少丰富的想象、创新能力和前瞻性，这是摄影师与工程师的一大区别。工程设计采用计算法或类比法，工作的性质主要是改进、完善而非别出心裁。数码单反摄影则非常讲究原创性和独创性，摄影的元素是变化无穷的生物，而不是严谨、烦琐的数据，而类比出来的造型设计不可能是优秀的。

例如，儿童摄影的后期创意制作，为儿童拍照的成功之道，在于抓住儿童的自然神态，几乎所有婴儿照片都具有这种纯真的性质，因为婴儿在日常的生活环境中拍照，不会觉察到相机的存在，儿童到了四五岁之后，当相机镜头对着他们时，他们的反应极为敏捷，自然流露出来的好奇心，常常被不自然的姿势和表情所代替。儿童照片中，这类装模作样之态，比比皆是。摄影者只有在按下了快门，拿走了相机之后，儿童才会恢复天真的本色。

大部分儿童不会按照要求摆姿势，指定儿童摆出某种姿势，结果总是不尽人意。一些儿童可能对摆姿势很不感兴趣，只想快点结束了事。如果摄影者想纠正儿童的上述反应，一般情况下结果会更为糟糕。所以，除了拍摄模特儿，切忌在拍摄时指导儿童摆姿势。

如果儿童喜欢自己选择某种动作，那么，不需要对姿势进行任何指导，摄影者也能捕捉到其天真烂漫之态。让儿童的活动顺其自然地进行，会出现许多拍照的机会，这远胜于挖空心思才设计出来的场面。那些未经组织安排而呈现的意料不到的情景，倒使摄影者有可能拍出不同凡响的照片。摄影者应该抓住儿童转瞬即逝的表情和一晃而过的场面进行拍摄，而不是试图去摆布儿童。

拍摄儿童的图像要一般化，而另外一张需要合成在一起的图像一定要精彩一些，这样在后期将两张图像创意制作在一起的时候才会有眼前一亮的感觉，如图8-4、图8-5所示。

图8-4 后期创意制作（一）
（摄影者刘军，2012年，模特黄思睿，
年龄两个月，武汉，《杯中宝》）

图8-5 后期创意制作（二）
（摄影者刘军，2012年，模特黄思睿，
年龄三个月，武汉，《美容鸡蛋浴》）

[1] 刘军.动画场景设计[M].北京：清华大学出版社，北京交通大学出版社，2011.

[2] 刘军，张小羽.商业插画[M].北京：清华大学出版社，北京交通大学出版社，2011.

[3] 刘军.招贴设计[M].北京：清华大学出版社，北京交通大学出版社，2011.

[4] 刘军.手绘插画设计表现[M].北京：清华大学出版社，北京交通大学出版社，2013.

[5] 黄刚.数码单反摄影教程[M].北京：清华大学出版社，北京交通大学出版社，2011.

[6] 宋毅.数码摄影教程——风景摄影[M].北京：清华大学出版社，北京交通大学出版社，2011.

[7] 王宏.数码摄影技术[M].武汉：华中科技大学出版社，2011.

[8] 周建华，李大俊.现代摄影教程[M].武汉：华中科技大学出版社，2012.

[9] 钟铃铃，白利波.数码摄影基础[M].武汉：华中科技大学出版社，2011.

[10] 光合网.DSLR摄影圣典——数码单反摄影完全自学手册[M].武汉：华中科技大学出版社，2011.

[11] 光合网.DSLR摄影圣典——构图与曝光[M].武汉：华中科技大学出版社，2011.

[12] 薛欣.DSLR摄影圣典——风光篇[M].武汉：华中科技大学出版社，2011.

[13] 托尔斯滕·安德烈亚斯·霍夫曼.黑白摄影的艺术[M].王辉，译.武汉：华中科技大学出版社，2011.

[14] 安迪·劳斯.了解RAW格式摄影[M].冯小娜，译.武汉：华中科技大学出版社，2011.

[15] 雷依里.DSLR数码单反摄影圣经[M].北京：中国青年出版社，2008.

[16] 广角势力.数码单反摄影圣经[M].北京：人民邮电出版社，2012.

[17] 马宏伟.Canon EOS 5D Mark II数码单反摄影秘技大全[M].北京：清华大学出版社，2012.

[18] 龙文摄影.数码单反摄影完全宝典[M].北京：人民邮电出版社，2012.

[19] 杨品，李柏秋，杨未冰.数码单反摄影技巧大全[M].北京：中国电力出版社，2011.

[20] 汤姆·安.数码单反摄影·构图·编修实用讲座[M].王妍峰，李晓云，李秀梅，译.北京：中国摄影出版社，2009.